Isabelle Jourdain

Mécanismes de séquestration de la tubuline

Isabelle Jourdain

Mécanismes de séquestration de la tubuline

Etudes biochimiques de l'interaction entre la tubuline et les protéines de la famille de la stathmine

Presses Académiques Francophones

Impressum / Mentions légales

Bibliografische Information der Deutschen Nationalbibliothek: Die Deutsche Nationalbibliothek verzeichnet diese Publikation in der Deutschen Nationalbibliografie; detaillierte bibliografische Daten sind im Internet über http://dnb.d-nb.de abrufbar.
Alle in diesem Buch genannten Marken und Produktnamen unterliegen warenzeichen-, marken- oder patentrechtlichem Schutz bzw. sind Warenzeichen oder eingetragene Warenzeichen der jeweiligen Inhaber. Die Wiedergabe von Marken, Produktnamen, Gebrauchsnamen, Handelsnamen, Warenbezeichnungen u.s.w. in diesem Werk berechtigt auch ohne besondere Kennzeichnung nicht zu der Annahme, dass solche Namen im Sinne der Warenzeichen- und Markenschutzgesetzgebung als frei zu betrachten wären und daher von jedermann benutzt werden dürften.

Information bibliographique publiée par la Deutsche Nationalbibliothek: La Deutsche Nationalbibliothek inscrit cette publication à la Deutsche Nationalbibliografie; des données bibliographiques détaillées sont disponibles sur internet à l'adresse http://dnb.d-nb.de.
Toutes marques et noms de produits mentionnés dans ce livre demeurent sous la protection des marques, des marques déposées et des brevets, et sont des marques ou des marques déposées de leurs détenteurs respectifs. L'utilisation des marques, noms de produits, noms communs, noms commerciaux, descriptions de produits, etc, même sans qu'ils soient mentionnés de façon particulière dans ce livre ne signifie en aucune façon que ces noms peuvent être utilisés sans restriction à l'égard de la législation pour la protection des marques et des marques déposées et pourraient donc être utilisés par quiconque.

Coverbild / Photo de couverture: www.ingimage.com

Verlag / Editeur:
Presses Académiques Francophones
ist ein Imprint der / est une marque déposée de
OmniScriptum GmbH & Co. KG
Heinrich-Böcking-Str. 6-8, 66121 Saarbrücken, Deutschland / Allemagne
Email: info@presses-academiques.com

Herstellung: siehe letzte Seite /
Impression: voir la dernière page
ISBN: 978-3-8381-7591-1

TABLE DES MATIERES

RESULTATS	**91**

TRAVAIL I –   93
OPTIMISATION DES CONDITIONS D'ETUDES DE L'INTERACTION TUBULINE:SLD PAR RESONANCE PLASMONIQUE DE SURFACE

DISCUSSION	142

REFERENCES BIBLIOGRAPHIQUES	157

ABREVIATIONS

ADN	acide désoxyribonucléique
ADNc	ADN complémentaire
ARNm	acide ribonucléique messager
PCR	amplification en chaîne par polymérase
kDa	kilo-Daltons
pb	paire de base

IPTG	isopropyl-β-D-thio-galactopyranoside
EDTA	acide éthylène diamine tétraacétique
EGTA	acide éthylène glycol-bis (2-amino éther) tétraacétique
LB	milieu Luria Broth + ampicilline (50 mg/l)
BSA	sérum albumine bovine
SDS	sodium dodécyl sulfate
NHS	N-hydroxysuccinimide
EDC	1-éthyl-3-[3-(diméthylamino)propyl] carbodiimide

NGF	nerve growth factor
FGF	fibroblast growth factor
BDNF	brain-derived neurotrophic factor

INTRODUCTION

CHAPITRE I – LES MICROTUBULES

Les microtubules sont des constituants majeurs du cytosquelette qui régissent l'organisation intracellulaire de la cellule eucaryote. Ils sont essentiels à la vie de la cellule car ils interviennent dans de nombreux processus comme la détermination de la forme de la cellule, la force du cytoplasme, la position des organelles, la motilité cellulaire, le mouvement de certains organites ou la formation du fuseau mitotique qui permet la ségrégation des chromosomes dupliqués entre les deux cellules filles. Ce sont des structures tubulaires, constitués de l'assemblage non covalent de tubuline. Pour répondre rapidement aux besoins de la cellule, les microtubules sont capables de s'assembler et de se désassembler selon une dynamique très active. Cette dynamique est coûteuse en énergie et dépend de l'hydrolyse du guanoside triphosphate (GTP). L'importance du rôle des microtubules dans la cellule s'accompagne également d'une étroite régulation.

I/ Structure et organisation des microtubules

A/ La tubuline

Le dimère de tubuline α/β constitue l'unité du microtubule (voir pages 17-19). Sa structure au sein du protofilament a été analysée par diffraction électronique à partir de tubuline polymérisée en feuillets zinc[1] stabilisés par le taxol (figure 1)

---

[1] Les ions zinc favorisent l'assemblage de tubuline en feuillet à deux dimensions. Les protofilaments y sont similaires à ceux des microtubules mais assemblés de manière anti-parallèle. Cependant, bien que

(Nogales et al, 1998). La résolution à 3.7 Å montre que le repliement général des deux monomères α et β sont très proches. La structure secondaire de la tubuline est faite de 10 feuillets-β flanqués de 12 hélices-α (figure 2). La plus grande différence de structure se situe dans la boucle M qui permet les interactions latérales entre sous unités de tubuline. Curieusement, les tubulines α et β ne présentent que 40% d'identité de séquence. Les régions les plus conservées concernent certaines structures secondaires qui permettent les contacts latéraux et longitudinaux dans le microtubule.

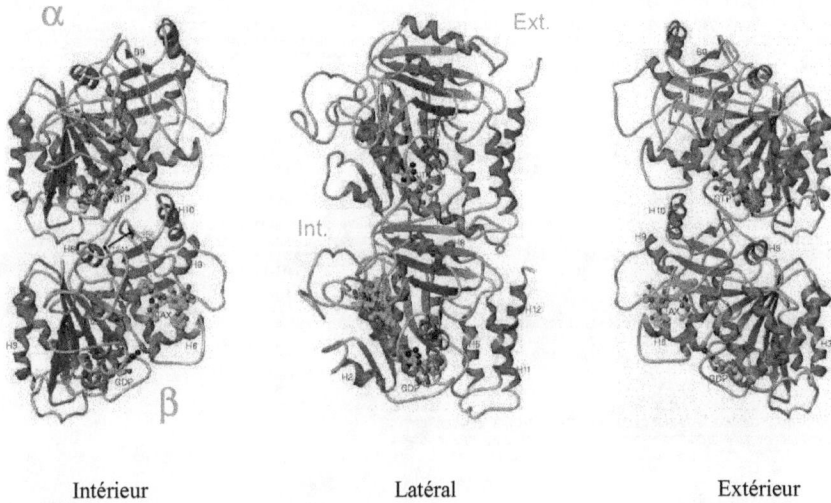

| Intérieur | Latéral | Extérieur |

Figure 1 : Reconstitution de la structure du dimère de tubuline dérivée de la structure de la tubuline organisée en feuillet zinc. De gauche à droite, le dimère est observé depuis la lumière (à gauche) jusqu'à l'extérieur du feuillet (à droite). Bleu : feuillets β, Rouge : hélices-α, Jaune : boucles. En vert : nucléotide. Le taxol (TAX) se lie à la tubuline β, vers la lumière du feuillet. (Nogales et al, 1998).

---

le feuillet soit très utilisé en crystallographie électronique, la conformation du dimère y est légèrement différente de celle du dimère d'un microtubule (Li et coll, Structure, 2002).

Les variations de séquence les plus importantes sont retrouvées dans les quelques résidus C-terminaux qui subissent des modifications post-traductionnelles et sont impliqués dans la liaison à d'autres protéines (voir page 19). La tubuline est organisée en 3 domaines fonctionnels (Nogales et al, 1998): 1) le domaine N-terminal (résidus 1-205), site de liaison du nucléotide, 2) le domaine intermédiaire (résidus 206-381), site de liaison de certaines drogues (voir page 19) et 3) le domaine C-terminal (résidus 382-440), site de liaison des protéines associées aux microtubules.

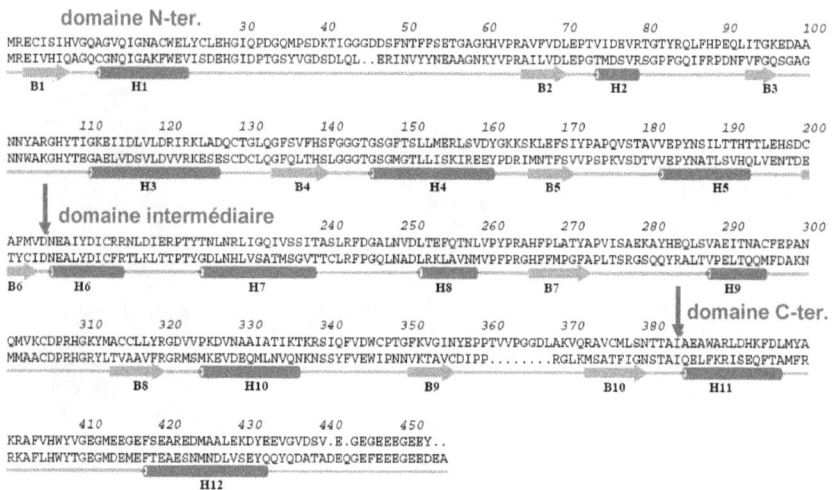

domaine N-ter.
```
                    30        40        50        60        70        80        90        100
MRECISIHVGQAGVQIGNACWELYCLEHGIQPDGQMPSDKTIGGGDDSFNTFFSETGAGKHVPRAVFVDLEPTVIDEVRTGTYRQLFHPEQLITGKEDAA
MREIVHIQAGQCGNQIGAKFWEVISDEHGIDPTGSYVGDSDLQL..ERINVYYNEAAGNKYVPRAILVDLEPGTMDSVRSGPFGQIFRPDNFVFGQSGAG

    B1          H1                                              B2      H2                  B3

         110       120       130       140       150       160       170       180       190       200
NNYARGHYTIGKEIIDLVLDRIRKLADQCTGLQGFSVFHSFGGGTGSGFTSLLMERLSVDYGKKSKLEFSIYPAPQVSTAVVEPYNSILTTHTTLEHSDC
NNWAKGHYTEGAELVDSVLDVVRKESESCDCLQGFQLTHSLGGGTGSGMGTLLISKIREEYPDRIMNTFSVVPSPKVSDTVVEPYNATLSVHQLVENTDE

            H3              B4          H4          B5                      H5

domaine intermédiaire
              240       250       260       270       280       290       300
APMVDNEAIYDICRRNLDIERPTYTNLNRLIGQIVSSITASLRFDGALNVDLTEFQTNLVPYPRAHPPLATYAPVISAEKAYHEQLSVAEITNACFEPAN
TYCIDNEALYDICFRTLKLTTPTYGDLNHLVSATMSGVTTCLRFPGQLNADLRKLAVNMVPFPRGHFFMPGFAPLTSRGSQQYRALTVPELTQQMFDAKN

 B6    H6              H7              H8          B7                      domaine C-ter.

            310       320       330       340       350       360       370       380
QMVKCDPRHGKYMACCLLYRGDVVPKDVNAAIATIKTKRSIQFVDWCPTGFKVGINYEPPTVVPGGDLAKVQRAVCMLSNTTAIAEAWARLDHKFDLMYA
MMAACDPRHGRYLTVAAVFRGRMSMKEVDEQMLNVQNKNSSYFVEWIPNNVKTAVCDIPP........RGLKMSATFIGNSTAIQBLFKRISEQFTAMFR

    B8              H10                B9                      B10          H11

      410       420       430       440       450
KRAFVHWYVGEGMEEGEFSEAREDMAALEKDYEEVGVDSV.E.GEGEEEGEEY..
RKAFLHWYTGEGMDEMEFTEAESNMNDLVSEYQQYQDATADEQGEFEEGEEDEA

                H12
```

Figure 2 : superposition des séquences des tubulines α et β de porc. Les trois domaines structuraux sont délimités par des flèches vertes. Tubes rouges : hélices-α, flèches bleues : feuillets- β. (Nogales et al, 1998).

B/ Organisation structurale des microtubules

Les microtubules apparaissent comme des cylindres de 25 nm de diamètre. Ils sont formés de l'assemblage alternatif et ordonné d'hétérodimères de tubuline.

Les hétérodimères alignés tête-à-queue et de manière longitudinale forment un protofilament. Un microtubule est un assemblage de protofilaments qui interagissent latéralement entre eux et qui sont orientés selon la même polarité (figure 3).

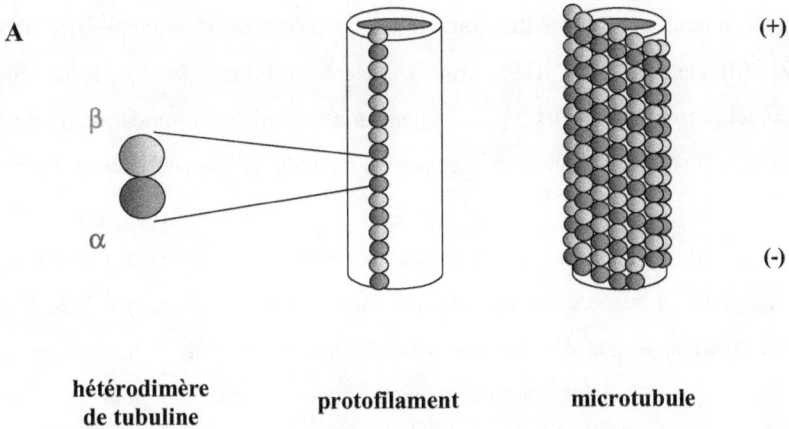

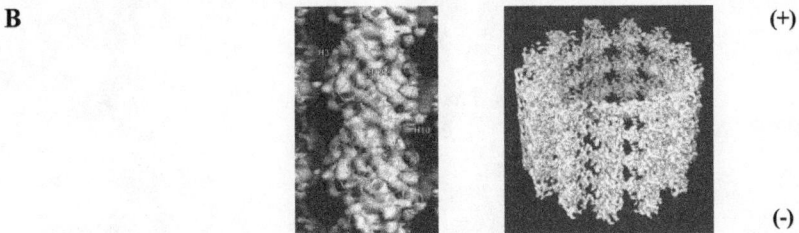

Figure 3 : organisation des microtubules. A) représentation schématique. Bleu foncé: tubuline α, bleu clair : tubuline β. L'alternance des monomères de tubuline est représentée selon le modèle B (voir texte). B) reconstitution en trois dimensions du protofilament et du microtubule à partir de données de cryomicroscopie électronique. (Li et al, 2002).

In vivo, un microtubule contient en général 13 protofilaments mais *in vitro* ce nombre peut varier de 9 à 16 (Chretien and Wade, 1991). Le type de liaisons latérales entre monomères a longtemps été sujet à débat. Dans le modèle A (A-lattice), les monomères de même type sont alternés d'un protofilament à son voisin (α–β–α–β…), alors que dans le modèle B (B-lattice) (figure 3), les liaisons latérales se font entre sous unités homologues (α–α ou β–β) (Amos, 1995; Mandelkow et al, 1995). En fait, les microtubules *in vivo et in vitro*, semblent présenter les deux types d'organisation ("lattice accomodation model"), le modèle B semblant cependant être le plus répandu dans les cellules vivantes.

Ces interactions latérales entre monomères forment un trajet en forme d'hélice qui parcourt la surface du microtubule. Dans le cas d'un microtubule à 13 protofilaments, le pas d'hélice correspond à une hauteur de 3 monomères de tubuline. Trois hélices parallèles sont donc nécessaires pour recouvrir complètement le microtubule (hélice à trois départs) (Hyman et al, 1995) (figure 4).

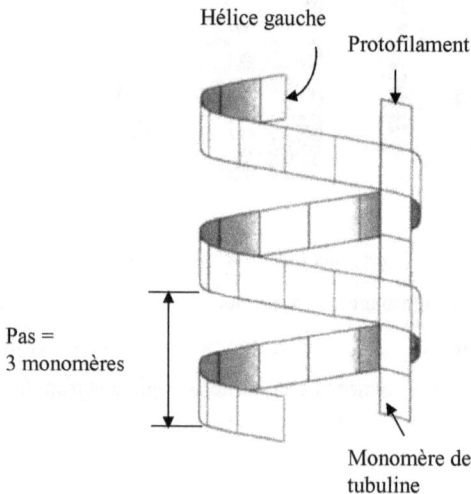

Figure 4 : représentation d'une hélice à trois départs. (Hyman et al, 1995).

Enfin, chaque extrémité du microtubule présente une extrémité de sous unités α de tubuline et une autre extrémité de sous unités β de tubuline (figure 3). Cette différence dans la nature des tubulines confère à chaque extrémité des propriétés dynamiques différentes. L'extrémité la moins dynamique (-) est celle présentant les sous unités α, par opposition à l'extrémité (+) qui présente les sous unités β. Les microtubules sont donc des structures polarisées (Wade and Hyman, 1997).

II/ La nucléation

La nucléation est l'étape initiale de la formation du microtubule. L'étude *in vitro* des mécanismes de la nucléation a été rendue difficile, essentiellement à cause de la difficulté de purifier les intermédiaires moléculaires situés entre le dimère de tubuline et le microtubule. Néanmoins, on sait que la racine du microtubule est formée de l'agrégation spontanée de 6 à 12 dimères de tubuline-GTP, un phénomène dépendant de la concentration initiale de tubuline libre (Caudron et al, 2000; Caudron et al, 2002). Une étude montre que les dimères de tubuline s'associent latéralement et rapidement. Cependant, un autre modèle a été proposé dans lequel les dimères s'organiseraient lentement en long oligomère longitudinal (figure 5).

In vivo, la nucléation a lieu dans les centres organisateurs de microtubules (MTOC), où une machinerie protéique y favorise la formation des premiers oligomères de tubuline. Le centrosome est le principal MTOC des cellules animales. Il est composé d'une paire de centrioles, chacun étant classiquement formé de 9 triplets de microtubules, et d'une matrice péricentriolaire ou centrosomale. Au sein de cette matrice, se trouve γ-TuRC (γ-tubulin ring complexe), un complexe en anneau de 25 nm de diamètre (comme les microtubules) (Moritz et al, 1995) formé de 10 à 13 molécules de tubuline γ (c'est à dire. comme le nombre de protofilaments du microtubule) et d'au moins 8 autres protéines (Zheng et al, 1995).

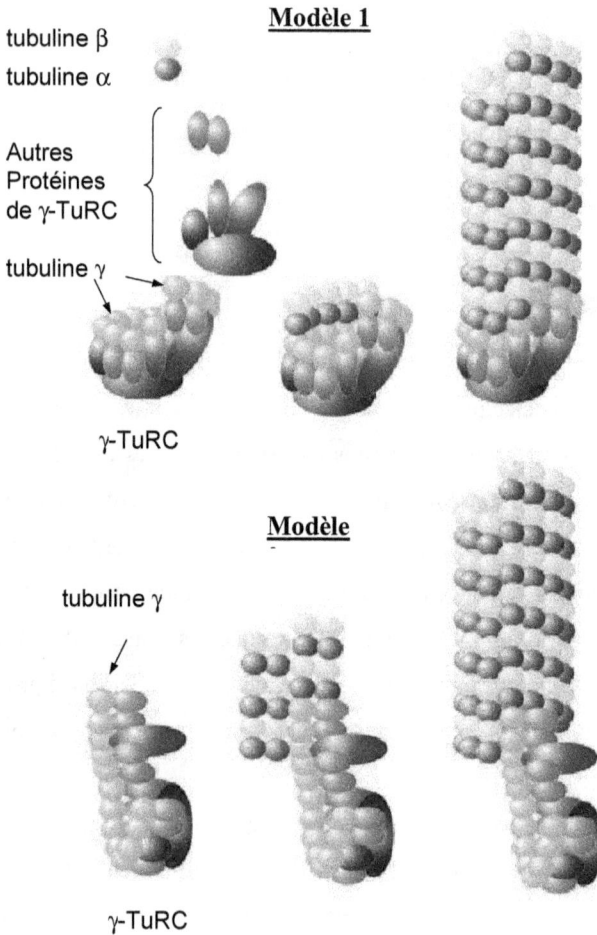

Modèle 1

tubuline β
tubuline α

Autres
Protéines
de γ-TuRC

tubuline γ

γ-TuRC

Modèle

tubuline γ

γ-TuRC

Figure 5: modèles de nucleation des microtubules (Job et al, 2003).

Si l'implication de γ-TuRC dans la nucléation est bien établie, son mode d'action reste controversé. Dans un premier modèle, γ-TuRC mimerait l'extrémité (–) des microtubules, formant un socle stable à partir duquel les protofilaments s'allongeraient (Moritz et al, 2000). Un autre modèle propose en revanche que le complexe γ-TuRC se déroule et que les sous unités γ de tubuline interagissent longitudinalement entre elles pour former le premier protofilament. Des dimères α/β de tubuline interagissent latéralement avec ce premier protofilament de tubuline-γ et longitudinalement entre eux, créant un feuillet qui pousserait et s'enroulerait pour former le microtubule (Erickson and Stoffler, 1996).

III/ Dynamique des microtubules *in vitro*

Les microtubules sont des structures labiles qui peuvent présenter deux comportements dynamiques mécanistiquement différents :

Le « treadmilling » se caractérise par une croissance des microtubules par leur extrémité (+) et par une décroissance par leur extrémité (-), ce qui génère un flux des sous-unités de tubuline au sein du polymère, de l'extrémité (+) vers l'extrémité (-). Ainsi, la concentration de tubuline libre ou concentration critique (voir page 8) est différente aux deux extrémités (Margolis and Wilson, 1978; Panda et al, 1999).

L'instabilité dynamique se caractérise par une alternace entre phases de polymérisation lente et de dépolymérisation rapide aux deux extrémités des microtubules. Nous restreindrons à l'instabilité dynamique la description de la dynamique des microtubules qui suit.

A/ Principes de l'instabilité dynamique

Le terme "instabilité dynamique" décrit un mode d'assemblage des microtubules au cours duquel chaque microtubule alterne entre phases de polymérisation lente et de dépolymérisation rapide (Mitchison and Kirschner, 1984). On appelle "catastrophe" la transition entre polymérisation et dépolymérisation et "sauvetage" la transition inverse. Après nucléation à partir d'un axonème, le microtubule s'allonge pendant un temps variable avant de présenter une catastrophe et de se raccourcir rapidement. Le microtubule peut alors soit se dépolymériser complètement, ou être "sauvé" et recommencer à croître (figure 6). Rarement, les microtubules en cours d'élongation ou de raccourcissement font des pauses plus ou moins longues. Les catastrophes et les sauvetages sont des transitions abruptes et stochastiques. Il est en effet impossible de les prévoir, ni même de les corréler à un processus cellulaire ou à la distance d'un site (Walker et al, 1988). L'instabilité dynamique concerne les deux extrémités du microtubule, mais *in vitro* elle est beaucoup moins marquée à l'extrémité (-), et *in vivo* l'extrémité (-) est souvent coiffée par d'autres protéines.

L'instabilité dynamique peut donc être décrite par quatre paramètres: la vitesse de polymérisation, la vitesse de dépolymérisation, la fréquence de catastrophes et la fréquence de sauvetages. Ces paramètres sont tous dépendants de la concentration de tubuline (Walker et al, 1988).

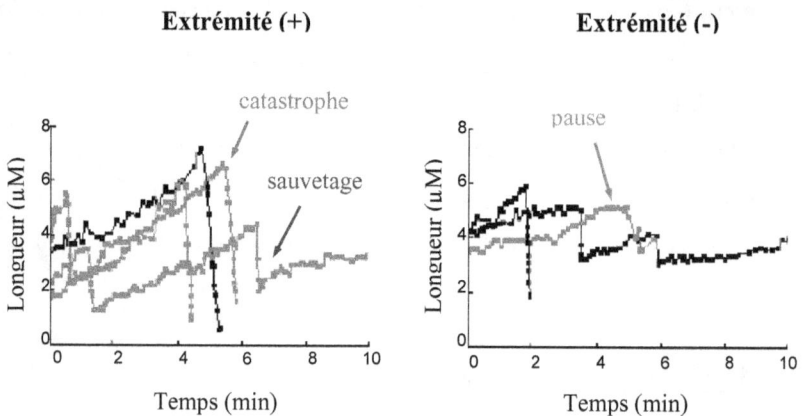

Figure 6: dynamique des deux extrémités des microtubules *in vitro*. Chaque courbe représente la dynamique d'un microtubule observée par video-microscopie. (Panda et al, 1996).

Cependant, une fraction de la tubuline reste libre en présence de microtubules. Cette concentration de tubuline libre est une constante fonction des conditions chimiques du milieu de polymérisation et est appelée concentration critique (Cc). On peut aussi considérer que la Cc correspond à la concentration de tubuline en dessous de laquelle la polymérisation de la tubuline n'est pas observée.

B/ Conformation des extrémités au cours de l'association et de la dissociation

Diverses études de microscopie électronique ont montré que la conformation des extrémités des microtubules est totalement différente en conditions d'assemblage et de désassemblage (figure 7).

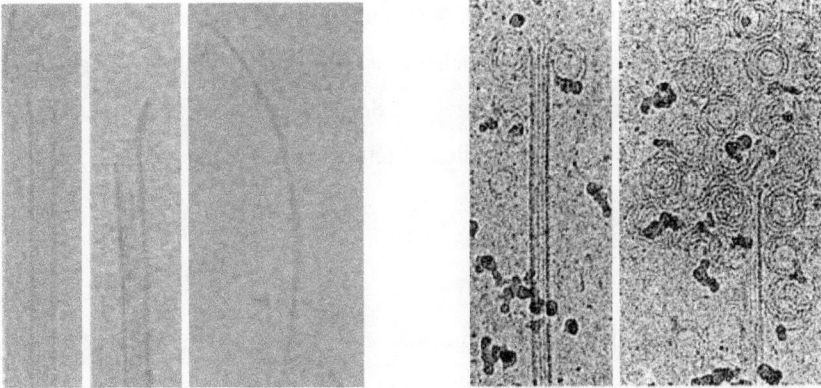

Figure 7 : structures de l'extrémité des microtubules observées par microscopie électronique, en phase de polymérisation (panneau de gauche) (Chretien et al, 1995) et de dépolymérisation (panneau de droite) (Muller-Reichert et al, 1998).

En phase d'assemblage, la population microtubulaire est hétérogène: certaines des extrémités sont franches, d'autres présentent une ou deux protrusions courbes de longueur très variable, et l'on trouve parfois des organisations en feuillet (Mandelkow et al, 1991; Chretien et al, 1995). Tous les microtubules n'ont pas la même vitesse de croissance et ce polymorphisme reflèterait les différents stades d'associations où se trouve chaque microtubule. En effet, Chrétien *et coll.* ont suggéré que les microtubules s'allongent par addition longitudinale de tubuline à des protofilaments organisés en feuillets courbes, qui se referment ensuite en tube droit. En refermant le cylindre du microtubule, les feuillets deviendraient plus courts, apparaîtraient comme de simples protrusions, puis sous forme d'extrémités franches lorsque le tube est presque complètement refermé (Chretien et al, 1995).

En revanche, on n'observe aucun feuillet de tubuline en condition de dissociation. Environ 90% des microtubules présentent en fait des extrémités frangées qui s'ouvrent vers l'extérieur du microtubule et qui s'enroulent parfois de manière très prononcée (Mandelkow et al, 1991) (Muller-Reichert et al, 1998). Par le fait de cette courbure, les protofilaments rompent les interactions latérales qui les liaient et se démantèlent. Les structures produites peuvent alors se retrouver sous forme d'oligomères ou de dimères libres ou s'organiser en anneaux simples ou doubles de tubuline (Melki et al, 1989).

C/ Le GTP comme source d'énergie

L'instabilité dynamique est un processus qui n'est pas en équilibre et qui nécessite un apport continu d'énergie. Cette énergie est présente sous forme de GTP dans les sous unités de tubuline. Seul un hétérodimère α/β de tubuline dont la sous unité β porte un nucléotide GTP est capable de s'assembler au microtubule (Carlier et al, 1987). Peu après l'incorporation d'un dimère de tubuline dans le microtubule en élongation, son GTP est hydrolysé en GDP. Pourtant, l'hydrolyse du GTP n'est pas nécessaire à la polymérisation. En effet, la substitution du GTP par un analogue non hydrolysable, le GMPCPP, ne modifie pas les propriétés d'assemblage de la tubuline. En revanche, les microtubules dépolymérisent très lentement (~ 0.1 dimère/sec contre ~ 1000 dimères/sec pour les microtubules-GDP) et apparaissent plus stables (Hyman et al, 1992). En fait, cette hydrolyse provoque un changement conformationnel du protofilament en élongation, ce qui donne cet aspect frangé au microtubule en dépolymérisation (Vale et al, 1994; Muller-Reichert et al, 1998). Une fois la tubuline-GDP libérée du microtubule, le GDP peut être échangé contre un GTP, ce qui permet à la tubuline d'être de nouveau incorporée dans un microtubule.

D/ Modèles de l'instabilité dynamique

Malgré l'implication démontrée de l'hydrolyse du GTP dans la dynamique des microtubules, un certain nombre de points restent indéterminés : si dès leur incorporation les sous unités de tubuline sont poussées à se désassembler par l'hydrolyse de leur nucléotide, comment les microtubules peuvent-ils s'allonger ? En d'autres termes, quel est le rôle de l'hydrolyse du GTP ? Quel est le lien entre structure des microtubules (et de leurs extrémités) et hydrolyse du GTP ? En particulier, comment le fait que les microtubules soient des structures droites peut-il s'accommoder avec le fait qu'ils soient formés de tubulines-GDP qui sont des structures courbes ? Les hypothèses qui ont été formulées pour tenter de répondre à ces questions partent du principe que l'extrémité du microtubule polymérisant est stabilisée par quelque chose et que la perte de cet élément favorise sa dépolymérisation.

1) Le modèle de la coiffe de nucléotide guanoside

L'élément stabilisateur de la formation des microtubules pourrait être une coiffe de GTP, située à l'extrémité des microtubules. Elle favoriserait la polymérisation car elle peut adopter une structure droite et parce que l'affinité d'un nouvel hétérodimère est plus forte pour la tubuline-GTP que pour la tubuline-GDP. Cette hypothèse est née de l'observation que l'incorporation de tubuline au microtubule est plus rapide que l'hydrolyse du GTP, permettant l'accumulation de GTP à l'extrémité du microtubule (Carlier and Pantaloni, 1981). Cette coiffe serait de l'épaisseur du dernier dimère de tubuline ajouté au microtubule (Stewart et al, 1990; Caplow and Shanks, 1996), lui-même non encore hydrolysé mais catalysant l'hydrolyse du GTP du dimère incorporé avant lui.

Des travaux ultérieurs ont ensuite décrit un décalage, non pas entre la polymérisation et l'hydrolyse, mais entre la polymérisation et la libération du phosphate Pi (Panda et al, 2002). Or, le changement de conformation de la tubuline, défavorable à la polymérisation, ne serait pas tant due à son hydrolyse qu'au relargage du phosphate Pi (Vale, 1996). Ainsi, tant que le Pi n'est pas libéré de la matrice du microtubule, celui-ci pourrait s'allonger (Carlier et al, 1989; Panda et al, 2002). Cependant, une étude récente suggère que les phosphates inorganiques des sous-unités GDP+Pi de l'extrémité des microtubules sont échangés avec le solvant et ne s'accumulent ni ne stabilisent les extrémités (Caplow and Fee, 2003).

2) Le modèle de la coiffe conformationnelle

Le feuillet courbe décrit aux extrémités des microtubules en cours de polymérisation, pourrait constituer une coiffe structurale qui serait mécaniquement plus stable que le cylindre du microtubule. Les protofilaments sont des structures intrinsèquement courbes et énergétiquement relaxées. Lorsqu'ils interagissent latéralement pour former un feuillet, un changement de courbure s'opère qui génère une contrainte mécanique. Plus le feuillet se referme en tube, plus cette énergie élastique s'accumule sous forme de stress dans la paroi du microtubule. Avant sa fermeture totale, le feuillet passerait par un état métastable et ne pourrait totalement se refermer en microtubule que si la coiffe n'est pas déstabilisée (Janosi et al, 2002). Ainsi, le feuillet est une structure plus stable que le cylindre formant le microtubule (Chretien et al, 1995).

Ce modèle est compatible avec celui d'une coiffe nucléotidique. Selon cette hypothèse, le protofilament présente à son extrémité en élongation une courte coiffe droite de tubuline-GTP ou GDP+Pi. Cette coiffe réduirait la courbure du protofilament, faciliterait la formation des contacts latéraux, et permettrait la formation du microtubule. L'ensemble des contacts latéraux avec les tubulines voisines empêcherait la courbure induite par l'hydrolyse du GTP en GDP, générant ainsi une contrainte. L'énergie stockée sous forme de tension mécanique dans la paroi du microtubule serait libérée lors des catastrophes.

IV/ L'instabilité dynamique *in vivo*

L'étude *in vitro* de l'instabilité dynamique se faisant à partir de tubuline purifiée, ses propriétés sont essentiellement liées à celles de la tubuline elle-même. Dans la cellule les microtubules apparaissent plus dynamiques qu'*in vitro*, avec des vitesses de polymérisation et des fréquences de catastrophes et de sauvetages plus élevées. Par ailleurs, les paramètres de l'instabilité dynamique peuvent considérablement changer en réponse à des signaux intra et extra-cellulaires divers (Howell et al, 1997), ainsi qu'en fonction des stades de prolifération (Zhai et al, 1996) et de différentiation de la cellule (Laferriere et al, 1997). Ces données témoignent de l'existence de facteurs capables de réguler la dynamique et donc le renouvellement des microtubules *in vivo*. Certains de ces facteurs stabilisateurs et déstabilisateurs de microtubules sont présentés ci-dessous.

A/ Les MAP

Sous le terme MAP sont parfois regroupées toutes les protéines associées aux microtubules. Nous ne considèrerons dans cette partie que les MAP dites structurales, naturellement nommées ainsi car elles partagent certaines propriétés structurales que nous décrirons. Elles forment une famille relativement hétérogène dont les membres diffèrent par leur domaine de liaison aux microtubules, par leur expression neuronale ou non neuronale, ou leur type d'activité sur la dynamique des microtubules.

Les MAP neuronales sont les mieux connues, d'une part parce que le cerveau est un tissu riche en microtubules, d'autre part parce que certaines MAP sont de très bons marqueurs cellulaires. MAP2 par exemple est exprimée dans les dendrites, alors que tau est essentiellement axonale. Les MAP favorisent faiblement la polymérisation de la tubuline, réduisent la fréquence des catastrophes et augmentent la fréquence des sauvetages (Panda et al, 1995). Ce sont donc des stabilisateurs de microtubules qui diminuent leur renouvellement. Ces MAP possèdent deux domaines. Le domaine N-terminal est variable et sa projection hors du microtubule lui permettrait d'organiser les microtubules en faisceaux (Fellous et al, 1994). Il se termine par une région riche en prolines qui déborde sur le domaine C-terminal. Le domaine C-terminal ou domaine d'assemblage contient un motif de 18 résidus répété 3 à 4 fois (Serrano et al, 1984). C'est grâce à l'homologie de cette région (60-70%) que les protéines sont classées dans le groupe des MAPs.

Le mécanisme d'attachement des MAP aux microtubules et le moyen par lequel elles contrôlent leur dynamique sont controversés. Il a ainsi été suggéré que les MAP se lient latéralement ou longitudinalement à la surface des protofilaments (Al Bassam et al, 2002), ou même dans la lumière du microtubule (Kar et al, 2003). Les répétitions serviraient d'agent pontant entre les sous unités de tubulines adjacentes et leur repliement en face des unités de tubuline serait conditionné par la région riche en prolines. Les régions IR[2] qui flanquent les répétitions favorisent également l'accrochage des MAPs aux microtubules. Leur ARN font en fait l'objet d'épissages alternatifs qui sont spécifiques du tissu et/ou du stade de développement (Chaplin, Biochemistry, 1995). L'épissage peut

---

[2] IR: Inter-Repeat

toucher la région N-terminale, les répétitions internes ou les IR. La comparaison des isoformes à 3 et 4 répétitions de tau (3R et 4R) a notamment montré des différences dans les propriétés de liaison aux microtubules, les régulations de cette interaction et les fonctionnalités de chaque isoforme (Goode et al, 2000).

MAP4 est une protéine ubiquitaire et très conservée au cours de l'évolution. Contrairement aux MAP neuronales et bien que possédant le même motif répété, elle ne modifie pas la fréquence des catastrophes mais favorise la fréquence des sauvetages (McNally, 1996).

D'autres MAP plus marginales mais bien conservées, ont des effets inverses sur la dynamique des microtubules. Par exemple, XMAP215 chez le Xénope favorise la dynamique des microtubules. Elle augmente fortement la vitesse de polymérisation et de dépolymérisation, mais diminue la fréquence des transitions, et ce, uniquement à l'extrémité (+) (McNally, 2003). EMAP chez l'oursin inhibe pratiquement les sauvetages et favorise le renouvellement des microtubules (Hamill et coll., JBC, 1998).

B/ Les moteurs de la famille des KinI

Les membres de la superfamille des kinésines ont en commun un noyau moteur très conservé. Celui-ci assure d'une part l'hydrolyse de l'ATP et permet d'autre part aux kinésines de se déplacer le long des microtubules afin d'assurer, grâce au reste de leur séquence, des activités de transport d'organites ou de liaison avec le cytosquelette (Goldstein, 2001).

Les kinésines KinI, parmi lesquelles Kar3 chez la levure, XKCM1 chez le Xénope ou Kif2 chez la souris, sont des kinésines très particulières qui se lient aux extrémités des microtubules où elles induisent leur dépolymérisation. L'hydrolyse de l'ATP ne leur sert pas à se mouvoir le long des microtubules, ni même à désassembler les sous unités de tubuline, comme l'a montré l'utilisation de l'AMPPNP, un analogue non hydrolysable de l'ATP (Moores et al, 2002). KinI induisant les catastrophes des microtubules GTP aussi bien que le GMPCPP, leur action ne passe pas non plus par une stimulation de l'hydrolyse du GTP de la tubuline (Desai et al, 1999). En fait, ces kinésines semblent se lier aux microtubules sous leur forme ADP et diffuser rapidement le long de la paroi du microtubule jusqu'à leur extrémité. C'est l'échange de l'ADP contre un ATP qui entraînerait le relargage de la kinésine et une courbure des extrémités du microtubule (Moores et al, 2003). Cette courbure s'ajouterait à celle des protofilaments en croissance et provoquerait leur dépolymérisation (figure 8).

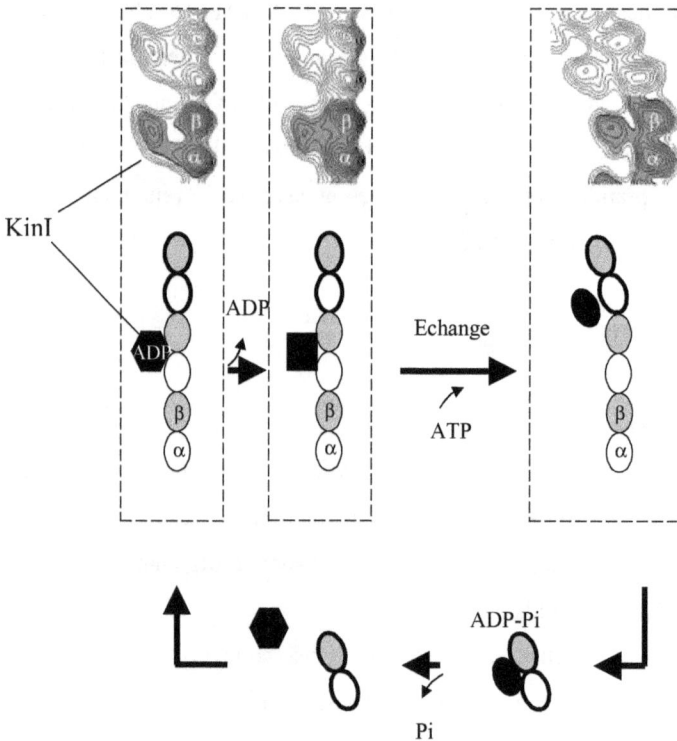

Figure 8 : Modèle de dépolymérisation des microtubules par les protéines moteurs de la famille des KinI (Moores et al, 2003).

Leur propriété de déstabilisation des microtubules permet aux kinésines KinI de participer à la formation et au maintient du fuseau mitotique.

C/ Les protéines +TIPs

Les protéines +TIP[3] sont des protéines liées aux extrémités (+) des microtubules et qui semblent « surfer » sur elles. C'est un groupe de protéines dont le nombre ne cesse de s'agrandir. A ce jour ont été caractérisées les sous familles des orthologues de CLIP, EB1, APC, dynéine, CLASP, LIS1 et p150^{Glued} .

Les mécanismes par lesquels ces protéines s'accumulent aux extrémités (+) des microtubules ne sont pas clairs. Le modèle du « treadmilling » propose un accrochage des +TIP au microtubule en cours d'élongation, soit en même temps que les sous unités de tubuline, soit grâce à la conformation de l'extrémité (coiffe GTP ou conformationnelle) (Perez et al, 1999). Dans un autre modèle, les +TIP s'associeraient au microtubule sur toute sa longueur et rejoindraient l'extrémité (+) grâce à des protéines moteurs, et ce, que le microtubule soit en phase de polymérisation ou de dépolymérisation (figure 9).

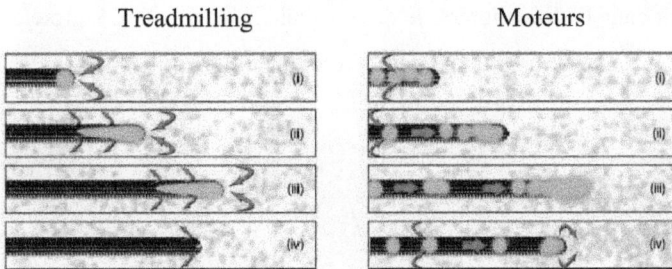

Figure 9 : les deux modèles par lesquels les protéines +TIP s'associent aux extrémités (+) des microtubules. (Galjart and Perez, 2003).

---

[3] +TIP : plus-end Tracking Proteins

Les deux modèles semblent parfois pouvoir co-exister, comme par exemple dans la sous-famille des APC. L'attachement et le détachement des +TIP aux microtubules sont régulés par leur phosphorylation et par la liaison avec d'autres +TIP ou avec d'autres protéines (Carvalho et al, 2003).

Outre un rôle dans l'ancrage des microtubules à divers structures cellulaires, ou de régulation du mouvement de protéines moteurs vers l'extrémité (-), certaines +TIP régulent la dynamique des microtubules. On considère que ce sont des facteurs stabilisateurs « anti-catastrophes », capables par ailleurs de réduire les pauses (qui ne sont pas des événements aussi rares dans la cellule qu'*in vitro*). Leur intervention dans l'ancrage et dans la dynamique des microtubules permet de générer des forces, notamment au niveau du kinétochore ou de la membrane plasmique.

D/ La katanine

La katanine est une protéine hétérodimèrique composée d'une sous unité de 60 kDa et d'une sous unité de 80 kDa. Elle appartient à la famille des protéines AAA[4] qui sont impliquées dans de très nombreux processus cellulaires et notamment dans l'édification ou le désassemblage de complexes protéiques. En l'occurrence, la katanine sectionne les microtubules (figure 10).

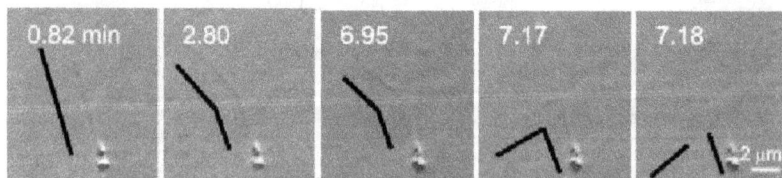

Figure 10 : video-microscopie par contraste d'interférence différentiel (video-DIC) de fractionnement par la katanine d'un microtubule stabilisé par le taxol. La barre noire à

---

[4] AAA : ATPase Associated with various cellular Activities

gauche du microtubule souligne la courbure, puis la cassure du microtubule. (Davis et al, 2002).

Son nom vient du fait qu'elle se comporte comme un samouraï cellulaire dont la sous-unité p60, grâce à son activité ATPasique, serait le sabre (« katana »), gouverné par la sous-unité p80. En présence d'ATP et en utilisant le microtubule comme matrice, les sous unités p60 s'organisent en hexamères. Cette oligomérisation stimule l'hydrolyse de l'ATP et un Pi est libéré, ce qui entraîne un changement conformationnel des sous unités p60 et une déstabilisation des contacts inter-dimères de tubuline. Le microtubule se coude et finit par se rompre (Davis et al, 2002). L'affinité de la forme ADP étant moins forte aussi bien pour les autres katanines que pour la tubuline, le complexe oligomérique se démantèle et la katanine est recyclée. *In vitro* c'est à dire. en l'absence des différents autres facteurs susceptibles de réguler la dynamique des microtubules, la sous unité p60 peut fractionner les microtubules sur toute leur longueur, probablement en s'associant au niveau de régions de la matrice du microtubule présentant des défauts (Davis et al, 2002). La sous unité p80 est moins bien connue mais son rôle serait à la fois de réguler ce fractionnement et de cibler les extrémités (-) des microtubules.

Ce mécanisme de rupture des microtubules pourrait faciliter le désassemblage des microtubules au cours du cycle cellulaire ou produire des microtubules cytoplasmiques nécessaires au fonctionnement de certaines cellules différenciées (Quarmby, 2000).

E/ La stathmine

Contrairement aux protéines abordées ci-dessus, la stathmine interagit avec la tubuline libre. En la séquestrant, elle empêche l'incorporation de tubuline dans le microtubule. La stathmine faisant l'objet du chapitre II, nous ne la décrirons pas d'avantage ici.

F/ L'hétérogénéité de la tubuline

1. Repliement de la tubuline et rôle des co-facteurs

Le repliement de la tubuline est notamment assuré par le complexe hétéro-oligomèrique chaperon CCT (Lewis et al, 1996). Les intermédiaires qui en sont libérés sont capturés par d'autres co-facteurs chaperons (Nogales, 2000). Ces associations permettent le repliement de la tubuline et la formation du dimère α/β natif (Feierbach et al, 1999). Par exemple, les complexes αE et βD sont transitoirement liés par le co-facteur C. Le dimère natif est libéré par hydrolyse du GTP de la tubuline β (Tian et al, 1997). Par ailleurs, ces co-facteurs constituent un moyen de régulation du ratio tubuline α/ tubuline β, les co-facteurs A et B servant respectivement de réservoir de monomères β et α (Melki et al, 1996). Le respect de cet équilibre est vital pour la survie de la cellule, comme cela a été montré chez la levure (Vega et al, 1998). Enfin, ces complexes ayant été trouvés associés aux microtubules *in vitro*, il est également possible que ces co-facteurs jouent un rôle directement en relation avec la fonction des microtubules (Hirata et al, 1998).

2. Les isotypes de tubuline α et β

Il existe une grande quantité d'isoformes de tubuline (α, β, γ, δ, ε, η) mais nous nous focaliserons ici sur la description des sous unités α et β car ce sont celles qui constituent le microtubule. Les isotypes de tubuline α et β sont nombreux. Chez les mammifères, on compte 6 gènes connus de tubuline α et 6 de tubuline β. Les raisons de l'existence de ces isotypes ne sont pas claires. Ces variations pourraient être simplement le résultat de l'évolution et n'avoir aucune signification fonctionnelle. En effet, plusieurs combinaisons isotypiques différentes d'hétérodimères α/β peuvent participer à la formation de microtubules (Gu et al, 1988).

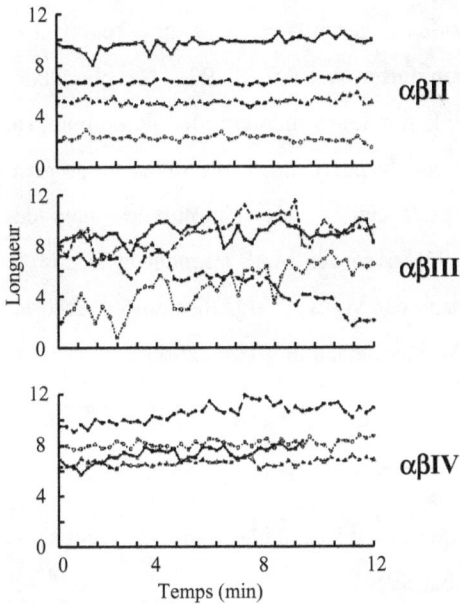

Figure 11 : dynamique de microtubules formés à partir de différents isotypes de tubuline β. (Panda et al, 1994).

Pourtant, certains isotypes présentent des localisation cellulaires et/ou tissulaires particulières comme par exemple, la tubuline βIII qui est exprimée dans les neurones et les cellules de Sertoli (Lewis and Cowan, 1988; Luduena, 1993; Burkhart et al, 2001). Par ailleurs, les microtubules formés à partir de différents isotypes présentent des dynamiques différentes (Lu and Luduena, 1994) (figure 11). Il est donc possible que l'existence d'isoformes de tubuline soit liée à des fonctions cellulaires définies des microtubules qu'elles composent.

3. Modifications post-traductionnelles de la tubuline

La tubuline est sujette à de multiples modifications post-traductionnelles (Rosenbaum, 2000). Certaines ne lui sont pas spécifiques (phosphorylation, acétylation, palmitoylation), mais d'autres n'ont pas été décrites sur d'autres protéines (tyrosylation/ détyrosylation, polyglutamination/ déglutamylation, polyglycination) (Westermann and Weber, 2003). Elles concernent aussi bien la tubuline α que la tubuline β (Audebert et al, 1994). La plupart d'entre elles touchent les quelques derniers résidus C-terminaux, dans une région très variable (Lee MK, Rebhun LI, Frankfurter A., PNAS, 90). De plus, elles peuvent être neutralisées une fois que la tubuline a incorporé le microtubule, car elles sont souvent exposées à l'extérieur du polymère. Les modifications post-traductionnelles serviraient à réguler la liaison des microtubules avec des protéines moteurs (Larcher et al, 1996), avec des MAP (Bonnet et al, 2001), avec d'autres protéines impliquées dans des voies de signalisation ou avec les autres composants du cytosquelette (Westermann and Weber, 2003).

G/ Les agents pharmacologiques

Les drogues qui régulent la dynamique des microtubules sont très étudiées et certaines constituent de très bons anticancéreux.

Figure 12: représentation schématique des 3 sites de liaison de drogues au dimère de tubuline. T : taxol, C : colchicine, V : vinblastine. (Downing, 2000).

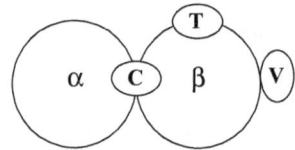

In vivo, elles bloquent la mitose mais les mécanismes de perturbation du fuseau mitotique sont différents d'une drogue à l'autre. Par exemple, les drogues stabilisatrices comme le taxol utilisées à faible concentration et en l'absence de blocage mitotique, produisent des mitoses aberrantes à fuseaux multipolaires, résultant en la formation de populations cellulaires aneuploïdes (Chen and Horwitz, 2002). Au contraire, les drogues déstabilisatrices comme la colchicine ou les alcaloïdes Vincas empêchent le fuseau mitotique de se former. Par ailleurs ces deux types de drogues ont des effets sur la mitose à des doses très différentes (Chen and Horwitz, 2002). La plupart des études de l'effet des drogues sur la dynamique des microtubules *in vitro* ont porté sur l'observation de l'extrémité (+) des microtubules (Correia and Lobert, 2001).

On a proposé 3 sites de liaison de drogues : celui du taxol, celui de la colchicine et celui des alcaloïdes vincas (figure 12).

1. Le taxol

Le taxol ou paclitaxel a pour effet d'augmenter la vitesse de polymérisation et de diminuer la concentration critique de tubuline. Il induit une telle stabilité des microtubules que ceux-ci résistent à toutes les techniques classiques de dépolymérisation *in vitro*, et sont même capables de polymériser en l'absence de GTP (Diaz and Andreu, 1993; Orr et al, 2003). Contrairement à la colchicine et aux alcaloïdes Vincas qui se lient aux dimères libres de tubuline, le taxol se lie aux sous unités β déjà incorporées dans le microtubule (Rao et al, 1992). Comme montré par cristallographie électronique (figure 1), le site de liaison se situe à la surface de la tubuline β, dans la lumière du microtubule.

2. La colchicine

La colchicine est un alcaloïde issu du crocus d'automne. Une molécule de colchicine lie de manière stœchiométrique un hétérodimère de tubuline (Skoufias and Wilson, 1992).

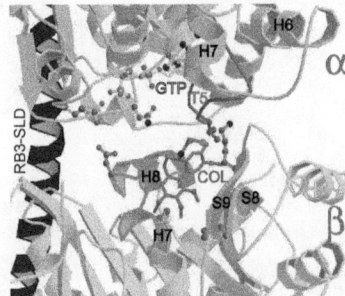

Figure 13 : site de liaison de la colchicine à un dimère de tubuline déterminé à partir de la résolution à 3.5Å du complexe tubuline-RB3$_{SLD}$-colchicine. Les structures en vert foncé sont celles qui forment la poche de la tubuline β accueillant la colchicine.

Elle se lie au domaine intermédiaire de la sous unité β de tubuline, près de l'interface avec la sous unité α (figure 13). Sa liaison pourrait modifier la conformation des structures environnantes, ce qui empêcherait le dimère de tubuline d'adopter une conformation droite et qui défavoriserait la polymérisation (Ravelli et al, 2004). Cependant, la tubuline-colchicine à faible concentration peut être incorporée au microtubule polymérisant (Panda et al, 1995).

3. Les alcaloïdes Vinca

La famille des alcaloïdes Vincas regroupe de nombreuses molécules dont la vinblastine. La vinblastine se lierait aux dimères de tubuline, à la surface de la tubuline β (Sackett, 1995). Cependant, contrairement au taxol et à la colchicine, son site de liaison n'a pas encore été déterminé. Comme la colchicine, les Vincas inhibent l'assemblage des microtubules et favorisent leur dépolymérisation. A forte concentration elles induisent la formation réversible de polymères en spirale qui s'organisent en paracristaux (Nogales et al, 1995) (figure 14). La toxicité des composés Vincas sur les cellules est directement corrélée à la fois à la formation et à la taille de ces spirales de tubuline (Lobert et al, 2000).

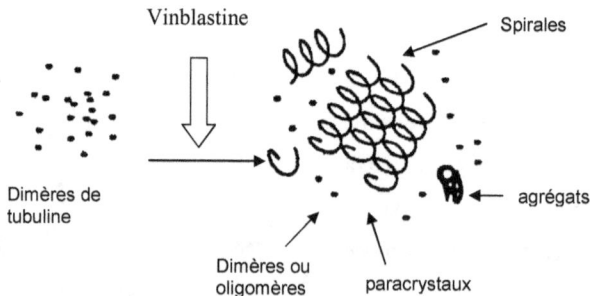

Figure 14 : schéma représentant l'organisation structurale de la tubuline en présence de vinblastine. (Nogales et al, 1995).

V/ La mitose et les microtubules

La mitose est l'étape du cycle cellulaire eucaryote pendant laquelle les chromosomes dupliqués de la cellule mère sont séparés pour constituer le matériel génétique des deux futures cellules filles. Cette ségrégation des chromosomes est dépendante d'une structure bipôlaire formée de microtubules, le fuseau mitotique. L'objectif de ce chapitre est de souligner les rôles que jouent les microtubules et leurs partenaires dans le bon déroulement de la mitose.

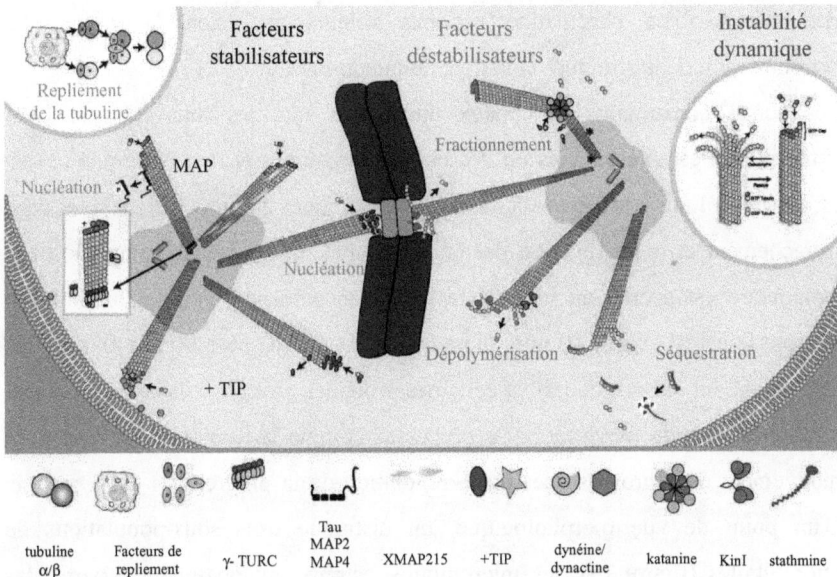

Figure 15 : représentation schématique des divers facteurs régulant la dynamique des microtubules dans l'exemple de la mitose. En noir : facteurs stabilisateurs des microtubules. En rouge : facteurs déstabilisateurs. (Heald and Nogales, 2002).

A/ Structure du fuseau mitotique

Les chromosomes sont parfois considérés comme des éléments structuraux du fuseau mitotique. A l'entrée en mitose, l'ADN a déjà été dupliqué et il se condense en chromosomes qui apparaissent sous forme de deux chromatides sœurs. Chaque chromatide possède une région spécifique, le centromère, où se lient de nombreux complexes protéiques et qui constituent le kinétochore. Le kinétochore est une structure complexe (plus de 65 protéines composent le kinétochore de la levure) qui capture les microtubules du fuseau, permet la motilité des chromosomes le long du fuseau et assure la ségrégation des chromosomes. La chromatine est par ailleurs un acteur actif dans la détermination de la structure et la dynamique du fuseau.

Les autres constituants principaux du fuseau sont les microtubules. Leur extrémité (-) est ancrée dans un des deux centrosomes et leur extrémité (+) en est distale. Leur caractère hautement dynamique est un facteur clé dans l'attachement et la ségrégation des chromosomes, et ce d'autant plus que cette dynamique est accrue en mitose (le temps de demi-vie d'un microtubule en interphase est d'environ 10 min, alors qu'il n'est que de 60 à 90 sec en mitose). Cependant, en servant de rails à certaines protéines motrices, ils sont également impliqués dans de très importants processus comme la formation du fuseau, le mouvement des chromosomes ou la régulation de la progression de la mitose. D'un point de vue morphologique, on distingue trois sous-populations de microtubules (figure 16): les microtubules astraux qui rayonnent à partir des pôles en direction de tout le cytoplasme; les microtubules pôlaires qui se projettent depuis les deux pôles opposés et interagissent entre eux de manière anti-parallèle; et les microtubules kinétochoriens qui connectent les centromères des chromosomes aux pôles. Les microtubules du fuseau mitotique sont étroitement régulés en termes de dynamique, de positionnement, de longueur ou de nombre en fonction du rôle qu'ils ont à jouer au cours des différentes phases de la mitose (prophase, anaphase, métaphase et télophase).

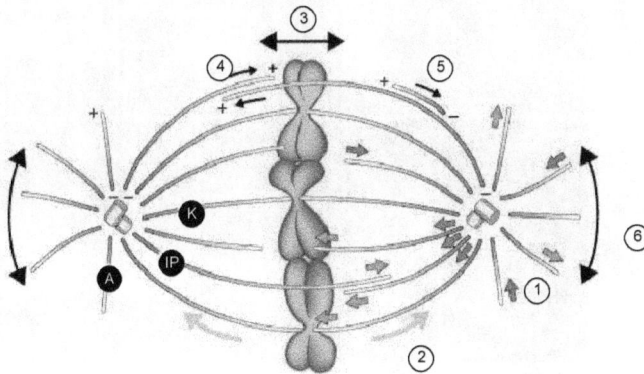

<u>Figure 16</u>: Représentation schématique du fuseau mitotique. Les trois sous-populations de microtubules sont indiquées par un cercle noir. A: astraux, IP: inter-polaires, K: kinétochoriens. Les processus principaux qui ont lieu sont résumés. 1: instabilité dynamique des microtubules (flèches vertes : polymérisation, flèches rouges : dépolymérisation), 2: flux de microtubules vers les pôles (flèche jaune), 3: mouvement des chromosomes, 4: glissement anti-parallèle des microtubules induit par des protéines moteurs, 5: transport par la dynéine de microtubules vers les pôles, 6: mouvements d'orientation des pôles. (Wittmann et al, 2001).

<u>B/ Formation du fuseau mitotique et établissement de sa bipolarité</u>

Au début de la prophase, le centrosome de la cellule mère s'est déjà dupliqué et les deux nouveaux centrosomes commencent à se séparer pour rejoindre les pôles opposés de la cellule. On a longtemps cru que le centrosome était, comme en interphase, le site majoritaire, si ce n'était unique, de nucléation des microtubules mitotiques et que tous les microtubules du fuseau étaient des dérivés de microtubules astraux.

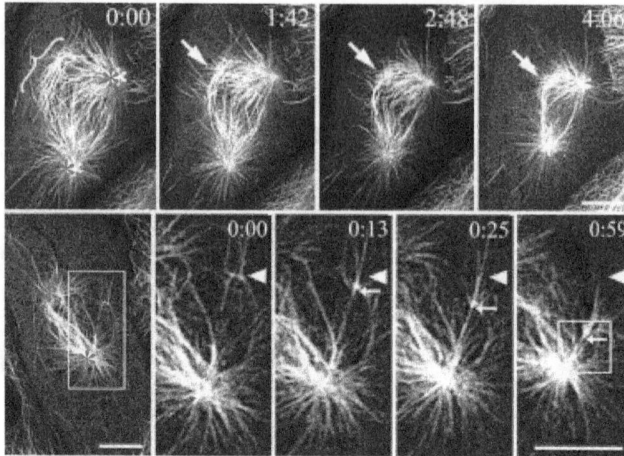

Figure 17: Des microtubules périphériques participent à la formation du fuseau mitotique. Microscopie confocale de cellules en pro-métaphase exprimant la tubuline α-GFP. Les astérisques rouges indiquent la position des centrosomes. Le panneau du haut montre une incorporation latérale de faisceaux de microtubules (accolade puis flèche). Le panneau du bas montre le mouvement vers un centrosome d'un amas de microtubules (flèche). La tête de flèche indique une position constante. Barre : 10 µM. (Tulu et al, 2003).

Cependant, les études qui montrent que le fuseau bipolaire peut se former malgré l'absence de centrosome (Khodjakov et al, 2000) remettent en cause l'exclusivité des centrosomes dans ce processus (figure 17). En fait, des microtubules périphériques nucléés hors du centrosome peuvent être recrutés par celui-ci (ou au pôle) pour participer à la formation du fuseau (Rusan et al, 2001; Khodjakov et al, 2003). Ces microtubules périphériques seraient issus d'une nucléation induite par la chromatine elle-même (Carazo-Salas et al, 2001). Ils sont transportés vers les pôles par glissement le long d'autres microtubules, ou grâce à l'action de protéines motrices.

Les microtubules astraux pourraient permettre aux centrosomes d'interagir avec le cortex cellulaire, ce qui orienterait le fuseau et déterminerait le plan de clivage de la cellule. Il est à noter que les fuseaux formés de microtubules non-centrosomiques, bien que bipôlaires, donnent lieu à des cytokinèses aberrantes (Khodjakov and Rieder, 2001).

C/ Capture et alignement des chromosomes

Initialement, le chromosome dupliqué (à deux chromatides) se lie latéralement le long d'un unique microtubule par l'intermédiaire d'un de ses deux kinétochores. La capture est assurée par des complexes protéiques kinétochoriens. Par exemple, le complexe ZW10/Rod attire des +TIP afin de capturer, d'attacher et de stabiliser le microtubule au kinétochore[5] (figure X). En fin de prophase- début de prométaphase, le chromosome subit des oscillations en direction du pôle, certainement entraîné par la dynéine (Rieder and Alexander, 1990). En prométaphase il est capturé sur son autre chromatide par d'autres microtubules issus du pôle opposé, qui l'entraînent vers ce pôle. En métaphase, le chromosome désormais bi-orienté est mené au centre du fuseau par un mouvement appelé congression (figure 18).

La congression est contrôlée par des forces antagonistes ou complémentaires qui attirent le chromosome vers un pôle ou le poussent vers le pôle opposé (Rieder and Salmon, 1994). Les acteurs de la congression sont essentiellement des protéines moteurs, soit de part leur activité motrice, soit par l'action qu'elles exercent sur la dynamique des microtubules (figure 19). La dynéine se déplace le long du microtubule vers son extrémité (-) et elle entraîne avec elle le chromosome auquel elle est attachée par le complexe ZW10/Rod (modèle du flux de microtubules).

---

[5] Théorie "recherche et capture": les microtubules recherchent les kinétochores et les capturent. On peut aussi considérer que ce sont les kinétochores qui capturent les microtubules en attirant leurs +TIP.

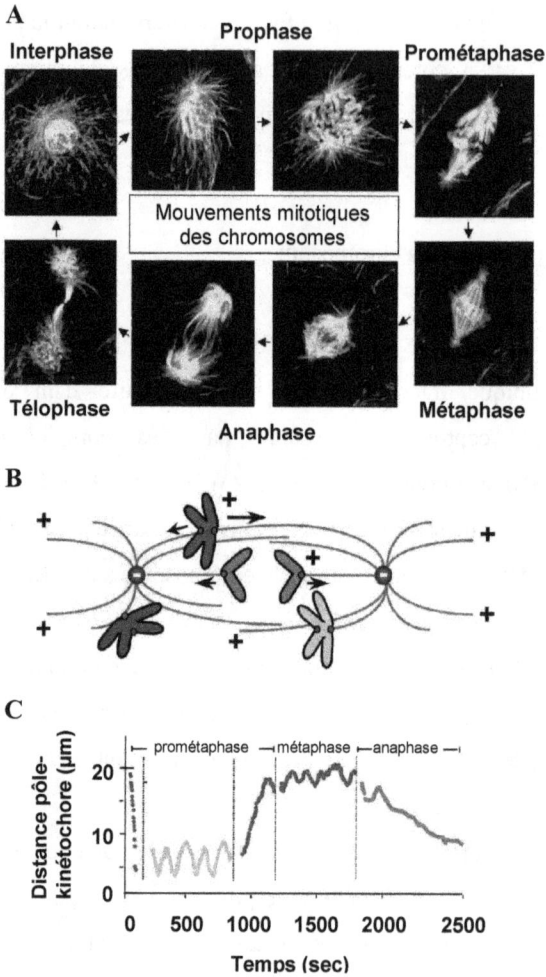

Figure 18: Mouvement des chromosomes pendant la mitose. A) Images des stades de la mitose. Rouge: ADN, Vert: microtubules. B et C) Violet: un chromosome dupliqué est attaché latéralement à un microtubule et se dirige vers le pôle d'attache. Orange: il acquiert d'autres microtubules et se dirige vers le pôle opposé. Rouge: congression vers l'équateur du fuseau. Bleu: ségrégation des deux chromatides soeurs. (Cleveland et al, 2003).

En outre, les KinI dépolymérisent l'extrémité (+) du microtubule, ce qui réduit la distance entre le chromosome et le pôle (modèle "Pac-man"). Inversement CENP-E, une autre kinésine, pourrait participer au mouvement opposé des chromosomes, c'est à dire. vers l'équateur du fuseau, en se dirigeant vers l'extrémité (+) des microtubules et/ou en maintenant l'attachement au kinétochore des microtubules dépolymérisants (Putkey et al, 2002).

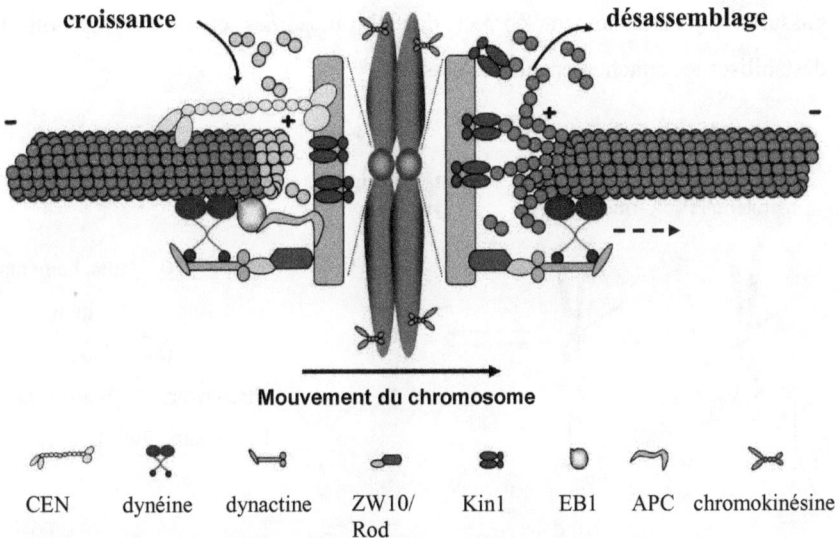

Figure 19: Capture et congression du chromosome. Vert : microtubules. Saumon : tubuline polymérisant. Bleu foncé: chromosome. Bleu claire: kinétochore. (Cleveland et al, 2003).

Mais le positionnement des kinétochores à l'équateur du fuseau ne suffit pas à y positionner le chromosome entier. Les chromokinésines, d'autres protéines moteurs dirigées vers l'extrémité (+) des microtubules, exercent des forces d'éjection non pas des kinétochores, mais des bras des chromosomes (Antonio et al, 2000; Funabiki and Murray, 2000). Lorsque toutes ces forces attractives et répulsives s'équilibrent, les deux pôles sont maintenus à distance constante et le fuseau apparaît comme une structure stable.

La mauvaise orientation des chromosomes est la cause essentielle d'aneuploïdie des cellules de mammifères, ce qui souligne l'importance de ce processus. En fait, on trouve fréquemment des attachements incorrects entre microtubules et kinétochores (Cimini, JCS, 2003) (figure 20). Pour corriger ces erreurs, des complexes protéiques situés dans le kinétochore prolongent la métaphase afin de s'assurer de l'attachement correct des chromosomes et de corriger ou de déstabiliser les attachements incorrects.

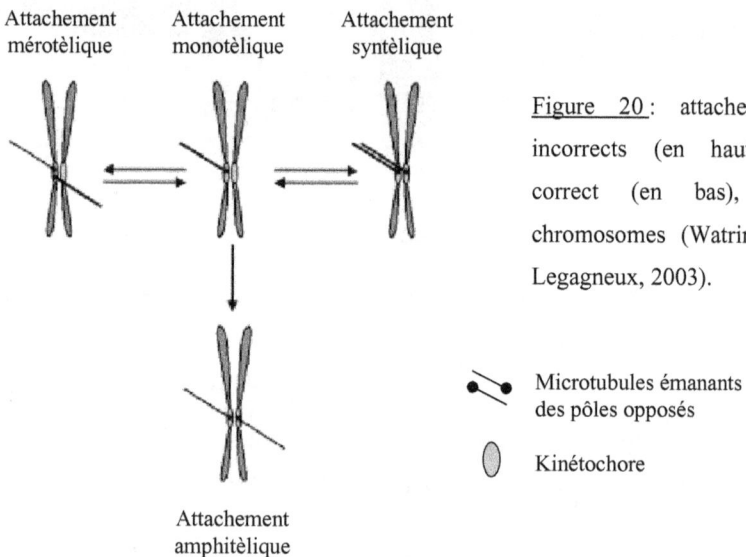

Figure 20 : attachements incorrects (en haut) et correct (en bas), des chromosomes (Watrin and Legagneux, 2003).

Les mécanismes de levée d'inhibition semblent liés à l'attachement d'une fibre de microtubules au kinétochore. Certains auteurs pensent que l'inhibition est ensuite levée par déplétion des protéines régulatrices du kinétochore, selon un processus dépendant des microtubules (Cimini et al, 2001; Wojcik et al, 2001). Mais d'autres auteurs suggèrent une inactivation de ces protéines par la tension générée entre les deux kinétochores bi-orientés après attachement correct (Canman et al, 2002).

D/ La ségrégation

La translocation des chromatides vers les pôles pendant l'anaphase peut globalement se résumer par un déséquilibre des forces attractives et répulsives qui permettaient en métaphase, l'alignement des chromosomes. Les chromatides sont menées vers les pôles par les protéines moteurs comme la dynéine ou les kinésines KinI (Rogers et al, 2004) selon les mêmes mécanismes que ceux décrits ci-dessus pour la congression. Les forces d'éjection hors des pôles sont, elles, neutralisées ou déplacées. Les chromokinésines qui induisent une force d'éjection des bras des chromosomes en métaphase, doivent être dégradées pour permettre la ségrégation des chromosomes (Funabiki and Murray, 2000).

E/ Position du plan de clivage

Parallèlement à cette répartition du matériel génétique, le cytoplasme et le cortex de la cellule mère doivent également être répartis et divisés pour former les deux cellules filles, en coordination spatialio-temporelle avec la ségrégation des chromosomes.

De façon intéressante, ni les asters, ni les chromosomes, ni le fuseau mitotique ne sont indispensables à la formation du sillon (Alsop and Zhang, 2003), même s'il n'est pas impossible qu'ils l'influencent. Deux études récentes indiquent que la formation du sillon de clivage est en fait dirigée par des populations microtubulaires spécialisées (Alsop and Zhang, 2003; Canman et al, 2003). On trouve ainsi: 1) des microtubules anti-parallèles du fuseau central 2) des microtubules corticaux stables d'origine astrale et 3) des microtubules polaires dynamiques d'origine astrale (figure 21).

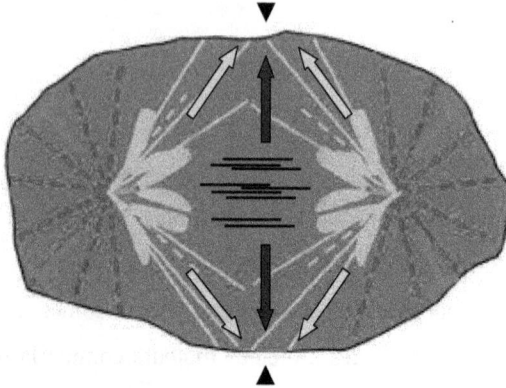

Figure 21: populations spécialisées de microtubules impliquées dans la cytokinèse. Bleu : microtubules du fuseau central. Jaune: microtubules corticaux. Rouge: microtubules polaires. Les pointillés représentent les microtubules dynamiques et les traits pleins les microtubules stables. Les flèches de couleur correspondante indiquent le mode d'action sur la cytokinèse. Tête de flèche noire: site d'initiation du sillon de clivage. (Maddox and Oegema, 2003).

Il est suggéré que les microtubules eux-mêmes soient des inhibiteurs de la formation du sillon et que la position du site de clivage soit déterminée par la région où le réseau de microtubules est le moins dense. Or cette densité minimale serait notamment créée par le fuseau central, par opposition à la région polaire riche en microtubules (Dechant and Glotzer, 2003). Selon une autre hypothèse, le sillon se forme là où la population microtubulaire est la plus stable mais pas là où elle est la plus dynamique (Canman et al, 2003). En parallèle ou en relation, les microtubules astraux et le fuseau central permettent l'acheminement des acteurs de la cytokinèse. Par exemple, INCENP[6] et aurora B

---

[6] INCENP : INner CENtromere Protein

qui sont normalement localisées au niveau des chromosomes, sont transloquées au début de l'anaphase vers le fuseau central et vers le cortex[7]. Là, en complexe avec d'autres protéines, elles pourraient induire la formation du sillon.

En conclusion, les microtubules sont des constituants majeurs du cytosquelette qui participent à l'organisation intracellulaire de la cellule eucaryote. Ils adoptent une disposition spatiale adaptée aux besoins de la cellule, grâce à leur capacité de polymérisation et de dépolymérisation extrêmement dynamique. Notamment, au cours de la division cellulaire, les microtubules forment le fuseau mitotique qui permet la ségrégation des chromosomes et détermine le plan de clivage de la cellule. Une caractérisation accrue de la régulation de ces phénomènes est donc d'un intérêt certain pour la compréhension des mécanismes de la prolifération cellulaire et de ses dérèglements pathologiques éventuels. De plus, la dynamique des microtubules constitue une cible de choix pour les thérapies anticancéreuses.

---

[7] C'est pour cette raison que ces protéines sont définies comme des « passagers chromosomiques »

CHAPITRE II – LA STATHMINE

La stathmine a été identifiée au début des années 80 par deux équipes indépendantes qui cherchaient des protéines intracellulaires phosphorylées en réponse à une stimulation extracellulaire dans des systèmes cellulaires modèles. Leurs travaux portaient, pour la première équipe, sur le couplage stimulation/sécrétion dans les cellules d'insulinome (Schubart, 1982) et pour la seconde, sur la régulation hormonale de la libération de prolactine dans les cellules antéhypophysaires GH (Sobel and Tashjian, 1983). D'autres études ultérieures ont montré que l'expression et la phosphorylation de la stathmine sont régulées, dans de très nombreux types cellulaires, en réponse à des signaux extracellulaires contrôlant la prolifération, la différenciation et les fonctions cellulaires. Au regard de ces études il a été proposé que la stathmine, petite phosphoprotéine ubiquitaire de 17 kDa, ait un rôle de relais dans les voies de signalisations intracellulaires (Sobel, 1991). L'intérêt porté à cette protéine par ces divers groupes lui a valu, de ce fait, d'être nommée également Oncoprotéine 18 (Op18) (Hailat et al, 1990), prosoline (Cooper et al, 1989), pp20/ pp21/pp23 (Peyron et al, 1989), P19 (Pasmantier et al, 1986), Lap18 (Mock et al, 1993), et métablastine (Schubart et al, 1992).

I/ La stathmine, du gène à la protéine

A/ Le gène de la stathmine

Le premier clonage d'ADNc de stathmine chez les vertébrés a été réalisé chez le rat (Doye et al, 1989; Schubart et al, 1989), puis a concerné de nombreuses autres espèces comme la souris (Okazaki et al, 1993), l'homme (Zhu et al, 1989; Maucuer et al, 1990), la poule (Godbout 93) ou le xénope (Maucuer et al, 1993). Plus récemment, la stathmine a été découverte chez la drosophile (Ozon et al, 2002), ce qui témoigne de sa conservation depuis les invertébrés. En revanche, aucun gène apparenté à celui de la stathmine ne semble exister dans les génomes séquencés du nématode et de la levure. Chez les vertébrés, la comparaison des séquences protéiques révèle une grande conservation de la stathmine au cours de l'évolution (79% d'identité en acides aminés entre le xénope et l'homme), suggérant qu'une pression de sélection forte s'exerce sur cette protéine.

La recherche par Southern blot du gène de la stathmine dans le génome de la souris a montré l'existence de trois loci répartis sur trois chromosomes (Okazaki et al, 1993). Ceux situés sur les chromosomes 9 et 17 sont en fait des pseudogènes alors que le gène codant est situé sur le chromosome 4 (Mock et al, 1993). Chez la souris, ce gène, nommé STMN1, s'étend sur 6300 bases et contient 5 exons.

B/ La stathmine est au centre d'une famille de gènes

On a soupçonné très tôt l'existence de gènes apparentés à la stathmine car les sondes et les anticorps dirigés contre la stathmine reconnaissaient d'autres ARN ou protéines que ceux de la stathmine (Doye et al, 1989; Schubart et al, 1989). SCG10, identifié pour son implication dans la différenciation neuronale (Anderson and Axel, 1985) (Stein et al, 1988), fut le premier à être décrit comme apparenté à la stathmine (Schubart et al, 1989). Ultérieurement, la recherche d'homologues de la stathmine chez le xénope (Maucuer et al, 1993), puis chez le rat (Ozon et al, 1997), a permis de mettre à jour RB3 et ses variants d'épissage RB3' et RB3'', tous issus du même gène STMN4. Enfin, SCLIP a été découverte dans les EST de souris (Ozon et al, 1998). Les protéines stathmine, SCG10, SCLIP et RB3/RB3'/RB3'' sont ainsi codées par des gènes différents (respectivement STMN1 à 4). Par rapport au gène de la stathmine, les gènes de SCG10, SCLIP et RB3/RB3'/RB3'' possèdent des exons supplémentaires en 5' qui codent pour des extensions N-terminales diverses. L'aRNm de RB3' possède un exon supplémentaire en 3' qui introduit un codon STOP prématuré et qui code pour 6 résidus C-terminaux propres en remplacement des 14 présents dans les séquences de RB3 et RB3'' (Ozon et al, 1997). Tous ces gènes présentent néanmoins la même articulation exons/introns, ce qui témoigne d'une parenté commune.

C/ La protéine stathmine

1. Structure primaire de la stathmine

La stathmine est une petite protéine de 149 acides aminés qui ne contient ni tryptophane, ni tyrosine, ni cystéine (Doye et al, 1989). La stathmine est par ailleurs constituée pour 47% de résidus chargés, ce qui lui confère sa solubilité et sa résistance à l'ébullition (Sobel et al, 1989). On note la présence d'une région riche en prolines qui laisse présumer de la formation d'une zone rigide dans la structure secondaire. D'après le programme de prédiction PEST-FIND, la stathmine contient potentiellement une séquence PEST[8] qui pourrait servir à sa dégradation (Rechsteiner and Rogers, 1996). De façon intéressante, la dégradation de stathmine recombinante qui a été rapportée génère des fragments qui pourraient correspondre à ceux issus d'un clivage d'une de ces séquences PEST (ref???). Enfin, la séquence de la stathmine présente des répétitions régulières de 7 résidus (abcdefg)$_n$, où a et d sont des résidus hydrophobes[9], connues pour être impliquées dans des interactions de type « coiled coil » (Doye et al, 1989) (figure 22).

---

[8] Séquences PEST : séquences polypeptidiques enrichies en P, E ou D, S ou T, flanquées de R, de K ou de H, mais ne contenant pas de résidus chargés. Hypothèse PEST : les séquences PEST servent de cible pour la protéolyse rapide des protéines qui les contiennent et permettent la régulation de leur expression par dégradation.

[9] Résidus hydrophobes : A, V, I, L, F, W et Y.

```
                                                        ┌──►
 1      10          20          30          40          50
MASSDIQVKELEK RASGQAFELILSPRS KESVPEFPLSPP KKKDLSLEEI
                                                        abcd


        60          70          80          90          100
QKKLEAAEERRKSHEAEVLKQLAEKREHEKEVLQKAIEENNNFSKMAKME
efgabcdefg        abcdefg              abcdefg
                  abcdefg

                                        ◄──┐
        110         120         130         140    149
EEKLTHANKENREAAAKLERLREKDKHIEEVRKNKESKDPADETEAD
   abcdefg        abcdefg
```

Figure 22 : Séquence en acides aminés de la stathmine humaine. Bleu : résidus chargés. Rouge : sérines phosphorylables. (abcdef)$_n$: répétitions de 7 résidus où a et d sont des résidus hydrophobes (noir gras). Vert : prolines. Séquences encadrées : séquences PEST potentielles. Entre les flèches : région prédite en hélice-α.

2. Structure secondaire de la stathmine

La structure secondaire de la stathmine en solution a été analysée par différentes méthodes. D'après les expériences de centrifugation sur gradient de sucrose et de filtration sur gel qui ont permis de déterminer respectivement le coefficient de sédimentation et le rayon de Stokes de la stathmine recombinante (1,4 S, 33 Å), la stathmine est une protéine monomérique de forme allongée et légèrement asymétrique (Schubart et al, 1987; Curmi et al, 1994). Les spectres de dichroïsme circulaire obtenus pour la stathmine sont par ailleurs caractéristiques de protéines de conformation hélicoïdale (figure 23). Cette technique a également permis de constater que les deux tiers environ de la stathmine (environ 90 résidus) sont repliés en hélice-α (Curmi et al, 1994; Steinmetz et al, 2000; Wallon et al, 2000).

Néanmoins, la microscopie électronique par transmission montre des particules hétérogènes de formes irrégulières (Steinmetz et al, 2000), suggérant que les structures hélicoïdales sont en équilibre avec des structures moins ordonnées. En outre, le niveau d'hélicité de la stathmine est inversement dépendant de la température, la stathmine étant très structurée à 5°C et largement dénaturée à 40°C (figure 23). Sa dénaturation thermique est totalement réversible (Steinmetz et al, 2000; Wallon et al, 2000), ce qui facilite entre autres sa purification par ébullition (Sobel et al, 1989). La stathmine apparaît donc comme une molécule flexible mais peu structurée en solution.

Figure 23: Spectres de dichroïsme circulaire de la stathmine. A 5°C (points noirs), les minima sont obtenus à 207 et 222 nm, ce qui est caractéristique d'une conformation en hélice. A 25°C, le premier minimum est déplacé de 207 vers 204 nm et le second n'est presque plus un minimum, ce qui correspond à une conformation moins structurée ("random coil"). (Steinmetz et al, 2000).

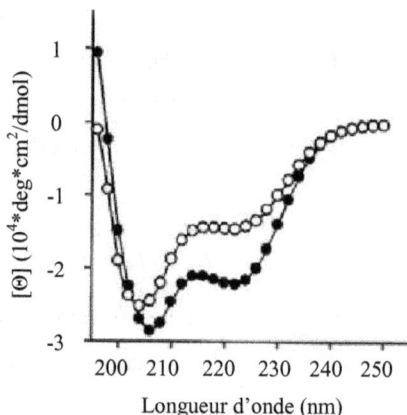

Une autre approche pour sonder la structure secondaire de la stathmine a consisté en l'identification par spectrométrie de masse des domaines qui étaient suffisamment structurés pour ne pas subir une protéolyse ménagée

(Redeker et al, 2000). En s'aidant d'algorithmes de prédiction de structure secondaire, les auteurs de ce travail ont ainsi pu proposer deux hypothèses de repliement de la stathmine en solution (figure 24).

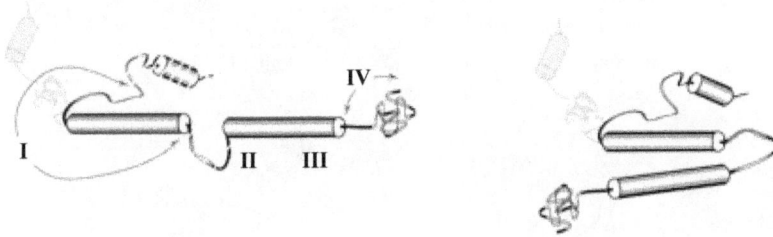

Figure 24 : hypothèses de repliement de la stathmine en solution. (Redeker et al, 2000).

L'ensemble de ces données permettent de découper la stathmine en grandes régions: une région N-terminale, une région riche en prolines, une 1ère hélice-α et une 2de hélice-α séparées par une courte séquence (figure 29). L'analyse par dichroïsme circulaire des fragments correspondants à chacune de ces régions, seules ou associées, montre que la somme des niveaux d'hélicité de chaque région est inférieure au niveau d'hélicité de la stathmine entière (Wallon et al, 2000). La région la plus structurée est la 1ère hélice-α et c'est elle qui conditionnerait l'hélicité du reste de la stathmine (Steinmetz et al, 2000).

D/ Les autres protéines de la famille de la stathmine chez les mammifères

Chez les mammifères, les six protéines de la famille de la stathmine (stathmine, SCG10, SCLIP, RB3, RB3' et RB3'') ont en commun un domaine de grande homologie avec la stathmine, précédé d'une extension N-terminale variable (figures 26 29).

1. Le domaine de type stathmine

Les domaines de type stathmine ou SLD (Stathmin-Like Domain) des protéines de la famille présentent entre 66 et 73 % d'identité avec la stathmine (Ozon et al, 1997).

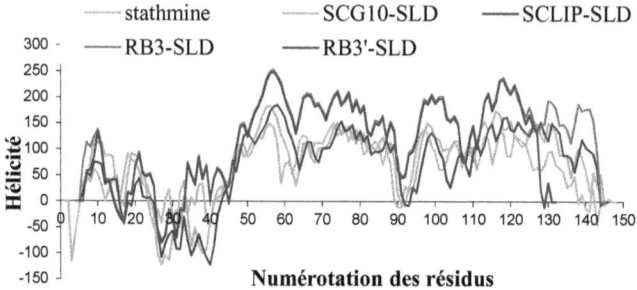

Figure 25 : prédiction de structure secondaire (DPM) des SLD des membres de la famille de la stathmine (Deleage and Roux, 1987).

Au sein du SLD, on distingue quatre sous-domaines définis selon le niveau de conservation (B, C, D et E) (figure 26). Le sous-domaine B, relativement conservé correspond à la région N-terminale de la stathmine. Le sous-domaine C beaucoup plus divergent, correspond à la région riche en prolines. Le sous-domaine D est le plus conservé (de 73 à 82 % d'identité avec la stathmine) est aussi celui dont les algorithmes prédisent, comme pour la stathmine, une structure secondaire largement hélicoïdale (figure 25). Il contient par ailleurs une répétition interne d'une séquence de 35 résidus dans tous les SLD (30 à 40 % d'homologie entre les deux répétitions), chaque séquence correspondant à chacune des deux hélices-α prédites pour la stathmine. Les homologies et les divergences de ces sous-domaines ont donc très probablement des significations structurales et fonctionnelles.

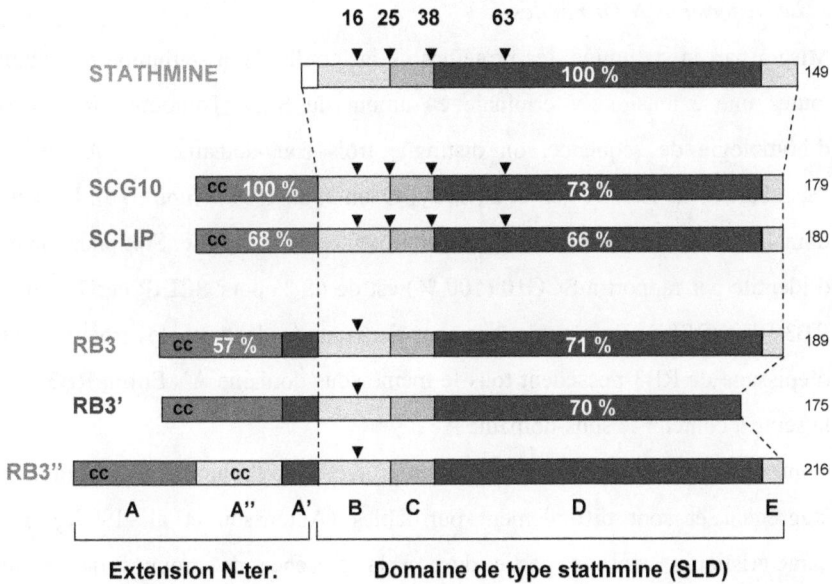

Figure 26 : représentation schématique des protéines de la famille de la stathmine chez les mammifères. Le nombre de résidus de chaque protéine est indiqué à droite. Les pourcentages indiqués pour les extensions N-terminales montrent le niveau d'identité de séquence du sous-domaine A par rapport à SCG10. Les pourcentages indiqués pour les SLD montrent le niveau d'identité de séquence entre la stathmine (100 %) et les SLD des autres protéines (pour RB3', l'identité a été calculée sur la longueur de RB3'). Tête de flèche : sites de phosphorylation conservés. CC : cystéines. (Gavet et al, 1998).

Globalement, les SLD ont les mêmes caractéristiques biochimiques que la stathmine, en terme par exemple, d'asymétrie moléculaire, de résistance à l'ébullition ou de solubilité (Charbaut et al, 2001). Les SLD contiennent également des sites consensus de phosphorylation plus ou moins conservés par rapport à ceux décrits chez la stathmine (figure 29).

2. Les extensions N-terminales

Mise à part la stathmine, les protéines de la famille de la stathmine présentent toutes une extension N-terminale en amont du SLD. Toujours sur la base d'homologie de séquence, on distingue trois sous-domaines A, A'' et A' (Schubart et al, 1989; Ozon et al, 1997; Ozon et al, 1998) (figure 26). Le sous-domaine A est retrouvé dans toutes les protéines de la famille. Son pourcentage d'identité par rapport à SCG10 (100 %) est de 68 % pour SCLIP et 57 % pour RB3/RB3'/RB3''. En plus de leur sous-domaine A identique, les trois variants d'épissage de RB3 possèdent tous le même sous-domaine A'. Enfin, RB3'' est la seule à contenir le sous-domaine A''.

Contrairement à la stathmine, les autres protéines de la famille sont insolubles, s'agrègent et sont difficilement purifiables (Antonsson et al, 1997b). Ces caractéristiques sont en partie dues à la présence de groupes de résidus hydrophobes dans l'extension N-terminale. C'est pourquoi les études *in vitro* dont elles ont pu faire l'objet ont généralement nécessité la délétion de ces extensions.

Enfin, les extensions N-terminales contiennent au moins un couple de cystéines palmitoylables, qui sont au moins en partie responsables de l'attachement de ces protéines aux membranes (voir page 46) (Di Paolo et al, 1997c).

II/ Phosphorylation de la stathmine et des autres protéines de la famille de la stathmine

A/ Phosphorylation de la stathmine

La stathmine présente quatre sites de phosphorylation dans sa moitié N-terminale qui sont phosphorylés de manière combinatoire en réponse à diverses stimulations extracellulaires (Sobel, 1991).

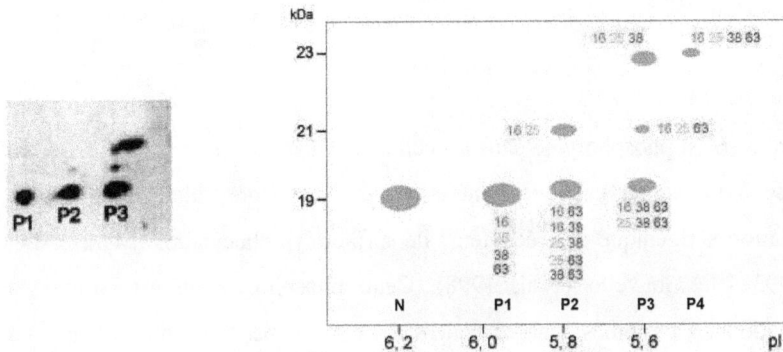

Figure 27 : profils de phosphorylation de la stathmine de cerveau de souris nouveau né, sur gel 2D, observé (à gauche) et schématisé (à droite). Les phosphoformes sont séparées en fonction de leur masse moléculaire apparente (verticalement), et de leur charge (horizontalement). N : forme non phosphorylée. P1-4 : formes mono-, bi-, tri et quadru-phosphorylées. (Beretta et al, 1993).

L'analyse de l'état de phosphorylation de la stathmine sur gel à deux dimensions (2D-PAGE) révèle un profil complexe qui peut comporter jusqu'à 7 phosphoformes (figure 27). L'analyse par carte phosphopeptidique a montré que la phosphorylation de quatre sérines phosphorylables *in vivo* et correspondant aux acides- aminés 16, 25, 38 et 63, rend compte de l'ensemble des combinaisons de phosphorylations observées sur ces gels à deux dimensions (Beretta et al, 1993) (figure 27). Les variations de point isolélectrique sur gels 2D sont générées par un apport d'acidité dû à l'ajout de groupements phosphates, mais certaines combinaisons de phosphorylations provoquent également un retard de migration sur la deuxième dimension (Marklund et al, 1993b). Par exemple, la forme di-phosphorylée sur sérines 16 et 25 migre à une masse moléculaire apparente de 21 kDa et la phosphorylation additionnelle de la sérine 38 induit un retard à 23 kDa. Il est possible que ces retards sur gel soient liés à des modifications conformationnelles causées par les groupements phosphates (Beretta et al, 1993).

1. La sérine 16

La sérine 16 est phosphorylée dans les cellules Jurkat de type lymphocytaires en réponse à un signal calcique généré par un ionophore calcique ou par la stimulation antigénique des récepteurs de surface lymphocytaires (Marklund et al, 1993a; le Gouvello et al, 1998). Cette phosphorylation est corrélée à l'activation de protéines kinases CaMK type Gr dépendante du calcium. La sérine 16 est par ailleurs au centre d'un environnement de séquence consensus pour les CaMK. Enfin, les études *in vivo* et *in vitro* montrent que CaMK IV et CaMK II phosphorylent sélectivement la stathmine sur le site 16 (Marklund et al, 1994; Melander Gradin et al, 1997; le Gouvello et al, 1998). La sérine 16 est donc un substrat spécifique de protéines kinases dépendantes du calcium et de la calmoduline.

La sérine 16 est également spécifiquement phosphorylée en réponse à l'activation de petites GTPases Rho par l'EGF (Daub et al, 2001). L'inhibition de la kinase Ser/Thr p65PAK dans ce modèle d'activation, abolit complètement sa phosphorylation (Daub et al, 2001). Il semble que PAK phosphoryle directement le site 16 *in vitro*, mais *in vivo* la seule activité de PAK ne suffit pas à phosphoryler la stathmine (Wittmann et al, 2004).

Suite à sa phosphorylation sur la sérine 16, la stathmine semble être rapidement dégradée. En effet, le temps de demi-vie de la stathmine sauvage dans les cellules erythro-lymphocytaires K562 est de 36h, alors que celui de la stathmine phosphorylée par un mutant constitutivement actif de la CaMK IV-Gr n'est que d'environ 6h (Melander Gradin et al, 1997).

2. La sérine 25

La sérine 25 est le site préférentiel des MAP-kinases *in vitro* et *in vivo* (Marklund et al, 1993b; le Gouvello et al, 1998). La phosphorylation de la sérine 25 par les MAPK est induite par de nombreux stimuli: stimulation par le NGF des cellules PC12 (Beretta et al, 1993; Leighton et al, 1993), stimulation des récepteurs lymphocytaires CD2 et CD3 dans les cellules Jurkat (Marklund et al, 1993b; le Gouvello et al, 1998), stress divers (Beretta et al, 1995), esters de phorbol (Marklund et al, 1993a; le Gouvello et al, 1998).

Le site 25 peut aussi être faiblement phosphorylé par cdc2 *in vitro* (Beretta et al, 1993). En effet, lorsque ce site est muté, le mutant est moins phosphorylé par cdc2 *in vitro* que la stathmine sauvage (Marklund et al, 1993b).

Enfin, bien que cela soit controversé (Beretta et al, 1993), il se peut que ce site soit une cible de la protéine kinase C (PKC) (Marklund et al, 1993b).

3. La sérine 38

La sérine 38 est le seul site de la stathmine qui semble être phosphorylé de manière basale, c'est à dire sans stimulation particulière des cellules (Beretta et al, 1993; Marklund et al, 1993b).

Les tests de phosphorylation *in vitro* montrent que la sérine 38 est le site majoritaire de phosphorylation par cdc2 (Beretta et al, 1993; Marklund et al, 1993b). De plus, elle est fortement phosphorylée pendant la mitose, suggérant qu'elle est une cible des kinases dépendantes des cyclines *in vivo* (Larsson et al, 1997).

4. La sérine 63

La sérine 63 est phosphorylée par la protéine kinase (PKA) dépendante de l'AMP cyclique, dont elle est la cible majoritaire (Beretta et al, 1993). Contrairement aux trois autres sérines qui sont très rapprochées et situées dans la région N-terminale de la stathmine, la sérine 63 se situe dans la première hélice-α. L'ajout d'un groupement phosphate dans cette région provoque une déstructuration locale de l'hélice (Steinmetz et al, 2001). Nous verrons que cela explique comment la phosphorylation de la stathmine, notamment sur ce site, perturbe son interaction avec la tubuline.

Chaque sérine est donc phosphorylée *in vitro*, et probablement *in vivo* (Beretta et al, 1993), par une classe préférentielle de protéines kinases qui peuvent dans certains cas avoir aussi des cibles minoritaires (figure 28). Ainsi, les CaMK ont pour cible spécifique la sérine 16; la PKA phosphoryle majoritairement la sérine 63 mais aussi minoritairement la sérine 16; les MAPK et cdc2 ont pour substrats préférentiels les sérines 25 et 38 respectivement mais peuvent phosphoryler les deux (figure 28).

<u>B/ Phosphorylation de SCG10</u>

Comme la stathmine, SCG10 est phosphorylée de manière combinatoire sur plusieurs sites. Son profil de phosphorylation dans le cerveau nouveau-né est complexe et présente 8 tâches sur gel 2D (Grenningloh, 2002). Comme la stathmine, SCG10 est un substrat des kinases PKA, MAPK et cdc2 et CaMK II *in vitro* (figure 28).

Dans le SLD de SCG10 (sans l'extension N-terminale), quatre sites de phosphorylation ont été identifiés (Antonsson et al, 1998). Les sérines 50 et 97 sont les homologues conservés des sérines 16 et 63 de la stathmine respectivement et sont comme elles, phosphorylées par la PKA. Les sérines 62 et 73 sont moins conservées et se positionnent face aux résidus 28 et 39 de stathmine respectivement. On peut cependant considérer que ce sont les homologues des sérines 25 et 38 de la stathmine. Comme pour la stathmine, ce sont toutes les deux les cibles des MAPK mais la JNK3 est spécifique de SCG10 (Neidhart et al, 2001). Ser 73 est aussi une cible de cdc2 (Antonsson et al, 1998).

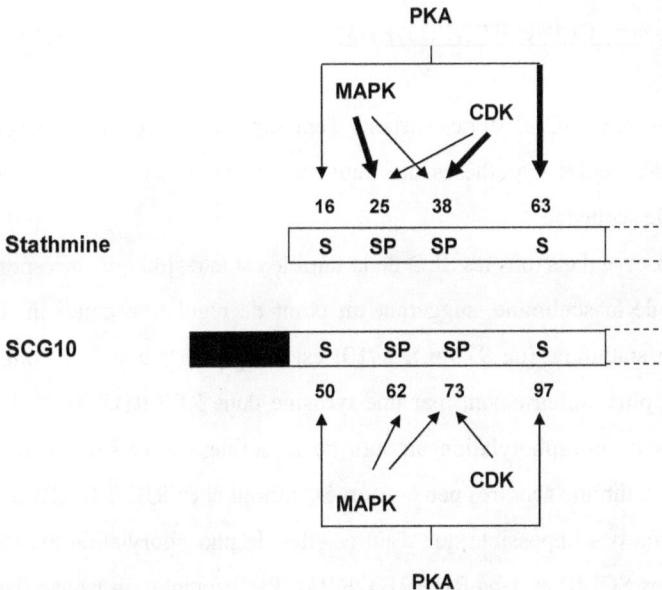

Figure 28: comparaison de la phosphorylation de la stathmine et de SCG10 par la PKA, les MAPK et les CDK *in vitro*. Encadré noir : extension N-terminale. Encadré blanc : première moitié du SLD. S : sérine. SP : site « sérine-proline ». Les résidus sont numérotés selon la numérotation propre à chaque protéine. Les cibles des kinases sont indiquées par des flèches. Les sites préférentiels, lorsqu'ils sont connus, sont représentés par des flèches épaisses. (Antonsson et al, 1998).

D'autres tests systématiques de phosphorylation *in vitro* ont par ailleurs montré que SCG10 entière recombinante (extension N-terminale + SLD) est la cible de kinases qui ne phosphorylent pas la stathmine, comme la kinase dépendante du GMP cyclique, la kinase dépendante de l'ADN (Antonsson et al, 1997a) ou la kinase c-src. Cette dernière kinase est associée aux membranes (comme SCG10) et phosphoryle des tyrosines. Il est donc probable que SCG10 possède d'autres sites de phosphorylation non encore identifiés, notamment dans son extension N-terminale.

C/ Spéculations sur SCLIP et RB3/RB3'/RB3"

La phosphorylation de SCLIP et des variants d'épissage de RB3 n'a à ce jour pas été étudiée et les seules hypothèses qui peuvent être faites se basent sur des comparaisons de séquence.

Le seul site conservé dans tous les SLD de la famille est le résidu qui correspond à la sérine 16 de la stathmine, suggérant un point de régulation commun. La sérine 63 de la stathmine (ou 97 de SCG10) est remplacée par une thréonine dans SCLIP et plus curieusement, par une tyrosine dans RB3/RB3'/RB3". Les sites consensus de phosphorylation autours de la sérines 25 et surtout de la sérine 38 de la stathmine sont très peu conservés, surtout chez RB3/RB3'/RB3".

Il n'est cependant pas impossible que d'autres sites de phosphorylation existent uniquement dans SCLIP et dans RB3/RB3'/RB3". Par exemple, on trouve dans la deuxième hélice-α, une tyrosine et une sérine dans SCLIP et une sérine dans RB3/RB3'/RB3". Si ces résidus sont effectivement phosphorylables, leur existence dans cette région, leur proximité et leur divergence par rapport à la stathmine, pourraient suggérer des régulations spécifiques qui auraient de toute évidence des significations fonctionnelles.

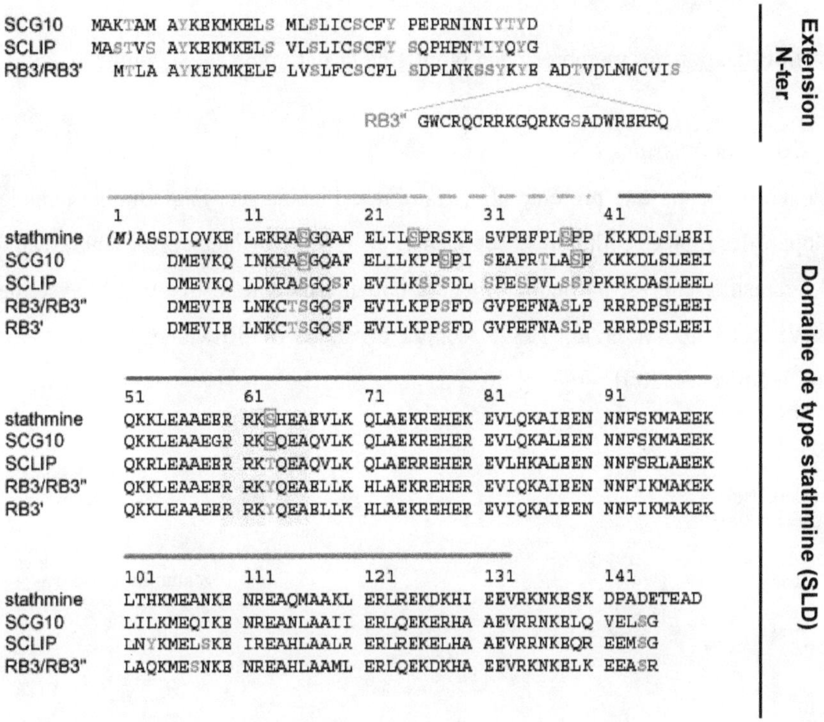

```
SCG10    MAKTAM AYKEKMKELS MLSLICSCFY PEPRNINIYTYD        ┐ m
SCLIP    MASTVS AYKEKMKELS VLSLICSCFY SQPHPNTIYQYG        │ x z
RB3/RB3'  MTLA AYKEKMKELP LVSLFCSCFL SDPLNKSSYKYE ADTVDLNWCVIS │ t t n e r
                                                          │ e s n i o
              RB3"  GWCRQCRRKGQRKGSADWRERRQ                ┘ n i o n
```

```
          1          11         21         31         41
stathmine (M)ASSDIQVKE LEKRASGQAF ELILSPRSKE SVPEFPLSPP KKKDLSLEEI
SCG10        DMEVKQ INKRASGQAF ELILKPPSPI SEAPRTLASP KKKDLSLEEI
SCLIP        DMEVKQ LDKRASGQSF EVILKSPSDL SPESPVLSSPPKRKDASLEEL
RB3/RB3"     DMEVIE LNKCTSGQSF EVILKPPSFD GVPEFNASLP RRRDPSLEEI
RB3'         DMEVIE LNKCTSGQSF EVILKPPSFD GVPEFNASLP RRRDPSLEEI

          51         61         71         81         91
stathmine QKKLEAAEER RKSHEAEVLK QLAEKREHEK EVLQKAIEEN NNFSKMAEEK
SCG10     QKKLEAAEGR RKSQEAQVLK QLAEKREHER EVLQKALEEN NNFSKMAEEK
SCLIP     QKRLEAAEER RKTQEAQVLK QLAERREHER EVLHKALEEN NNFSRLAEEK
RB3/RB3"  QKKLEAAEER RKYQEAELLK HLAEKREHER EVIQKAIEEN NNFIKMAKEK
RB3'      QKKLEAAEER RKYQEAELLK HLAEKREHER EVIQKAIEEN NNFIKMAKEK

          101        111        121        131        141
stathmine LTHKMEANKE NREAQMAAKL ERLREKDKHI EEVRKNKESK DPADETEAD
SCG10     LILKMEQIKE NREANLAAII ERLQEKERHA AEVRRNKELQ VELSG
SCLIP     LNYKMELSKE IREAHLAALR ERLREKELHA AEVRRNKEQR EEMSG
RB3/RB3"  LAQKMESNKE NREAHLAAML ERLQEKDKHA EEVRKNKELK EEASR
```

Domaine de type stathmine (SLD)

Figure 29 : alignement des séquences des protéines apparentées à la stathmine. Caractères colorés : sérines, tyrosines et thréonines. Caractères encadrés : sérines phosphorylées chez la stathmine et SCG10. Sur la séquence de la stathmine ne sont représentés que les résidus phosphorylés. Jaune : conservation de l'environnement de séquence des sites par rapport à la stathmine et à SCG10. Sur les autres séquences, ne sont pas représentés les sites qui sont similaires à ceux de la stathmine et qui n'y sont pas phosphorylés (ex : sérines 46 et 94). Les quatre régions des SLD sont indiquées par des barres orange (N-ter), pointillée orange (prolines), bleue (1ère hélice-α) et violette (2ème hélice-α).

III/ Régulations de l'expression et de la phosphorylation

A/ Localisation des membres de la famille de la stathmine chez l'adulte

1. Expression tissulaire

La stathmine est une protéine ubiquitaire que l'on détecte la stathmine dans la plupart des lignées cellulaires (Schubart et al, 1992; Rowlands et al, 1995). Dans l'organisme, elle est particulièrement abondante dans le testicule et le système nerveux (Schubart et al, 1989; Koppel et al, 1990; Rowlands et al, 1995; Guillaume et al, 2001) (figures 30 et 31).

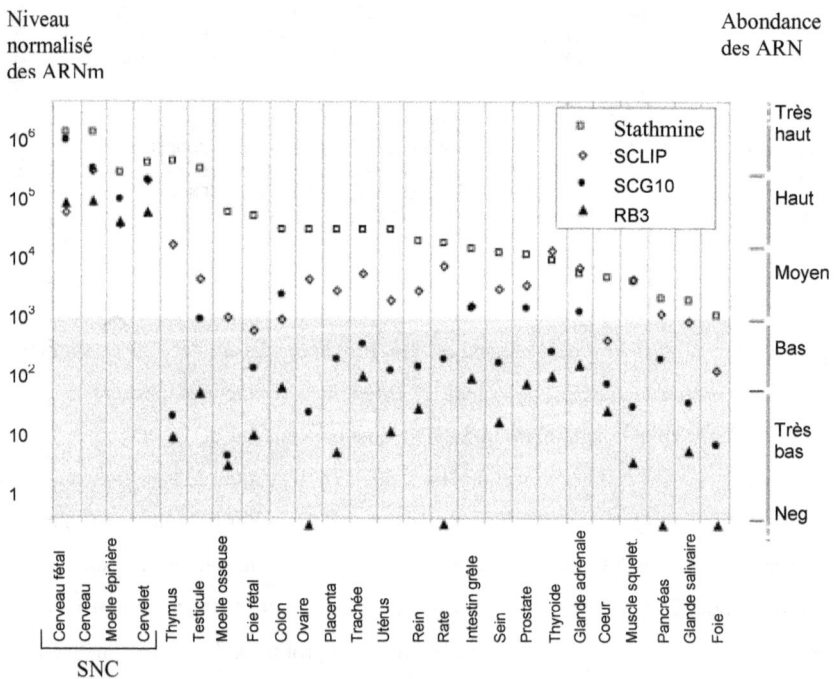

Figure 30 : Expression des gènes de la famille de la stathmine chez l'homme. (Bièche et al, 2003).

Les analyses de la répartition des transcrits des membres de la famille de la stathmine par RT-PCR quantitative, hybridation *in situ* et Northern blot, montrent que SCG10 et RB3 sont presque exclusivement exprimés dans le système nerveux (Ozon et al, 1998; Bièche et al, 2003). Pour SCLIP les conclusions sont moins évidentes. A l'origine, SCLIP a été décrite comme uniquement neuronale (Ozon et al, 1998). Cependant, l'utilisation de la RT-PCR quantitative, peut-être plus sensible, a montré un profil d'expression plus proche de celui de la stathmine avec une expression tissulaire large et un enrichissement dans le système nerveux (Bièche et al, 2003) (figure 30).

2. Expression dans le cerveau

Dans le cerveau adulte, les niveaux d'expression des transcrits de stathmine, SCG10, SCLIP et RB3 sont du même ordre de grandeur. Ils sont tous largement exprimés mais leur concentration peut varier d'une région à l'autre.

On trouve les membres de la famille de la stathmine en abondance dans le cervelet, le colliculus et le striatum. La stathmine est plus sélectivement apparente dans le cortex cérébral, le bulbe olfactif et la zone sous-ventriculaire (Amat et al, 1991; Peschanski et al, 1993; Jin et al, 2004). La distribution des transcrits de SCG10 et de SCLIP est très similaire. On les trouve répartis dans tout le cerveau, mais particulièrement abondants dans l'hippocampe et le cervelet. L'utilisation d'une sonde commune à RB3, RB3' et RB3'' révèle une distribution très différente de celle des autres membres de la famille, avec une forte expression hippocampale et une faible expression corticale (Ozon et al, 1999).

La présence de stathmine et de RB3/ RB3'/RB3'' dans le cerveau est essentiellement due à leur expression dans les neurones mais leur transcrits sont également retrouvés dans la glie (Chneiweiss et al, 1989; Peschanski et al, 1993; Ozon et al, 1999). En revanche, SCG10 et SCLIP sont strictement neuronales. La stathmine est en général observée dans les neurones à petits corps cellulaires, dans les inter-neurones et dans ce qui semble être des progéniteurs neuronaux. SCG10, est plutôt exprimée dans les neurones à longs prolongements et dans les neurones présentant une arborisation dendritique riche (Himi et al, 1994; Mori and Morii, 2002). Dans une même région les quatre transcrits peuvent être détectés dans des types cellulaires parfois identiques et parfois différents mais à des niveaux différents (Ozon et al, 1999).

3. Distribution sub-cellulaire

La stathmine est cytosolique (Gavet et al, 1998) et non sécrétée (Koppel et al, 1990). Dans le cytoplasme des cellules HeLa interphasiques, la stathmine montre un marquage punctiforme qui n'est ni organisé, ni co-localisé avec aucun des filaments du cytosquelette (Gavet et al, 1998).

Au contraire, le fractionnement par centrifugation différentielle d'un homogénat de cerveau de rat a montré que les autres protéines sont associées aux membranes (Ozon et al, 1997). De plus, on les trouve co-localisées et co-fractionnées avec des marqueurs golgiens (Gavet et al, 1998). Dans le cas de SCG10, l'adressage aux membranes se fait grâce à son extension N-terminale etce ciblage est sûrement, au moins en partie rendu possible par la palmitoylation des deux cystéines de l'extension N-terminale (Di Paolo et al, 1997c). Néanmoins, il est probable qu'intervienne un autre mécanisme également dépendant de l'extension N-terminale (ex : résidus basiques associés à une myristoylation). En plus de cet adressage perinucléaire, SCG10 est aussi présent au niveau des axones, des dendrites et notamment dans les cônes de croissance (Di Paolo et al, 1997b; Lutjens et al, 2000; Gavet et al, 2002).

B/ Régulation au cours du développement embryonnaire

La stathmine est détectée dans l'ovocyte et très précocement chez l'embryon, dès le stade deux cellules (Koppel et al, 1999). Au stade blastula, elle est exprimée dans l'ensemble des cellules non différenciées de la masse cellulaire interne à l'origine de l'embryon (Doye et al, 1992) et elle est ubiquitaire à E14. A ce stade du développement, SCG10, SCLIP et RB3 sont au contraire exprimés uniquement dans le système nerveux[10] (Sugiura and Mori, 1995; Ozon et al, 1998).

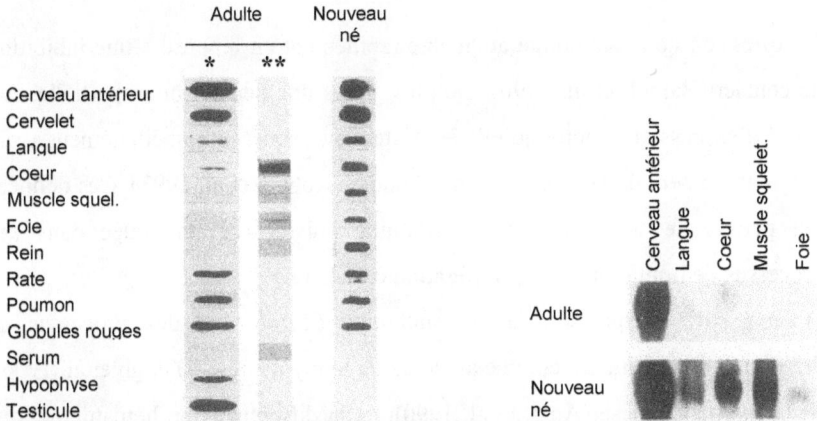

Figure 31 : distribution tissulaire de la stathmine chez la souris nouveau-né et adulte. A gauche : distribution protéique révélée par radio-immunologie. 1 étoile : exposition de 12h ; 2 étoiles : exposition de 10 jours. A droite : distribution des ARNm révélée par Northern blot. Les transcrits ont une taille de 1.1 kb. Sur les autoradiogrammes d'origine ils sont faiblement détectés dans la langue et le cœur adulte. (Koppel et al, 1990).

L'expression de tous les gènes de la famille de la stathmine augmente progressivement au cours de l'embryogenèse pour atteindre un maximum à la naissance (Ozon et al, 1998). Mais ensuite, alors que les niveaux de SCLIP et de RB3 restent inchangés, ceux de la stathmine et de SCG10 décroissent dans les jours qui suivent la naissance (Ozon et al, 1998). La stathmine est globalement

---

[10] Les données de RT-PCR quantitative apportant une nouvelle vision de la distribution de SCLIP chez

plus exprimée chez le nouveau-né que dans les tissus équivalents de l'adulte, le rapport d'expression nouveau-né/ adulte étant par exemple de 20 dans le cerveau (Koppel et al, 1999) (figure 31).

C/ Régulation au cours de la prolifération et de la différenciation cellulaire.

L'expression de la stathmine augmente rapidement en réponse à une inhibition de contact (Balogh et al, 1996). De plus, après une hépatectomie partielle, son profil d'expression montre qu'elle est fortement exprimée immédiatement avant le ralentissement de la prolifération cellulaire (Koppel et al, 1993). Ces données ont permis de suggérer que la stathmine puisse être impliquée dans des processus de limitation de la prolifération cellulaire.

D'autre part, l'expression de la stathmine décroît lors des processus de différenciation cellulaire comme au cours de la myogenèse (Balogh et al, 1996), de la spermatogenèse (Amat et al, 1990), de la différenciation hématopoïétique (Koppel et al, 1993) ou de la neurogenèse (Di Paolo et al, 1997b). Le niveau d'expression de la stathmine est donc globalement plus élevé dans les tissus en prolifération ou en voie de différenciation et décroît avec la différenciation terminale des cellules.

Au cours du cycle cellulaire, la stathmine est peu phosphorylée en interphase et hyper-phophorylée en mitose.

D/ Régulations au cours du vieillissement normal et pathologique

Les régions du cerveau adulte sain dans lesquelles la stathmine et SCG10 sont fortement exprimées (Mori, 1993; Camoletto et al, 1997), correspondent aux régions où la plasticité neuronale est maintenue et où la régénérescence neuronale adulte est parfois observable (bulbe olfactif, hippocampe…)

---

l'adulte, il n'est pas impossible que SCLIP soit également plus ubiquitaire chez l'embryon.

(Camoletto et al, 2001). De plus, une diminution de l'expression de la stathmine à l'aide l'oligonucléotides anti-sens inhibe la migration des neurones du bulbe olfactif adulte (Jin et al, 2004). Avec l'âge, la plasticité neuronale se détériore et le niveau d'ARNm codant pour SCG10 diminue. De la même manière, la transcription de l'ARNm de RB3 est rapidement induite dans le gyrus denté de l'hippocampe après stimulation de l'activité électrique ou d'une potentialisation à long terme (Beilharz et al, 1998; Mori and Morii, 2002).

Au cours de la maladie d'Alzheimer, la concentration de stathmine est diminuée dans le néocortex, alors que la concentration de son ARNm est augmentée (Jin et al, 1996; Cheon et al, 2001). Ce phénomène est probablement lié à une réduction de l'activité traductionnelle. Cette diminution de la stathmine semble inversement proportionnelle au nombre d'enchevêtrements neurofibrillaires (NFT), mais pas au nombre de plaque amyloïdes, suggérant que les niveaux de stathmine diminuent avec la sévérité de la maladie d'Alzheimer. A l'inverse, les niveaux de SCG10 augmentent avec le nombre de NFT (Okazaki et al, 1995). Bien que les mécanismes moléculaires restent incompris, ces résultats laissent penser que les changements cellulaires associés aux NFT pourraient impliquer une altération de l'expression de certains membres de la famille de la stathmine.

E/ Stathmine, cycle cellulaire et cancer

Un certain nombre de données indiquent que la stathmine est impliquée dans le bon déroulement du cycle cellulaire. En effet, des tentatives d'inhibition de l'expression de la stathmine à l'aide d'oligonucléotides anti-sens ont un effet anti-prolifératif dû à un blocage en phase G2/M (Jeha et al, 1996), ce qui suggère qu'une altération du niveau d'expression de la stathmine perturbe l'aboutissement du cycle cellulaire.

Par ailleurs les niveaux de phosphorylation de la stathmine varient au cours du cycle cellulaire, la stathmine étant faiblement phosphorylée en interphase et

fortement phosphorylée pendant la mitose. La surexpression d'un mutant non -
phosphorylable de la stathmine dans des cellules en culture provoque un blocage
des cellules en phase G2/M (Lawler et al, 1998). Inversement, la dé-
phosphorylation de la stathmine est indispensable à la sortie de la mitose et à
l'entrée dans un nouveau cycle (Mistry and Atweh, 2001).

Chez l'homme, une surexpression de la stathmine a été observée dans de
nombreux types de cancers (leucémies aigues (Hanash et al, 1988) et
chroniques, lymphomes, carcinomes, adénocarcinomes ou neuroblastomes). A
ce jour, on ne connaît ni les raisons, ni les conséquences de ces modifications.
Deux équipes ont cependant montré que dans le cas du cancer du sein, la
surexpression de la stathmine est prépondérante dans le sous-groupe de tumeurs
ayant l'index mitotique le plus élevé (Brattsand, 2000; Curmi et al, 2000). La
stathmine pourrait être surexprimée pour freiner la prolifération des cellules
tumorales mais n'aurait pas d'efficacité pour des raisons inconnues (à cause par
exemple d'une perte de cible ou d'une inactivation par phosphorylation). Il est
également possible que la surexpression de la stathmine observée dans le cancer
soit associée à une inactivation de p53. En effet il a été montré que l'induction
de p53, qui conduit à une inhibition de la prolifération, réprime l'expression de
la stathmine, par une régulation au niveau transcriptionnel impliquant les
histones désacétylases. De plus, une surexpression constitutive de la stathmine
permet de lever le blocage en phase G2/M induit par l'activation de p53 (Ahn et
al, 1999; Murphy et al, 1999; Johnsen et al, 2000). Enfin, la recherche de
mutations de la stathmine dans des cellules cancéreuses s'est avérée
infructueuse, sauf dans un cas d'adénocarcinome oesophagien. L'expression de
ce mutant dans les cellules NIH/3T3 provoque la formation de fuseaux
mitotiques multipolaires et une augmentation du nombre de cellules en phase
G2/M et son expression dans des souris immuno-déficientes se traduit par le
développement de tumeurs (Misek et al, 2002).

IV/ Extinction artificielle de l'expression de la stathmine dans l'organisme

Afin d'explorer le rôle de la stathmine chez les mammifères, son gène a été invalidé chez la souris. De façon surprenante étant donnée l'implication suspectée de la stathmine dans la régulation de la prolifération et de la différenciation cellulaire, les animaux ne présentent aucun phénotype particulier. Les souris se développent normalement sans retard de croissance ni anomalie anatomique, sont fertiles, n'ont pas de défauts neurologiques ni comportementaux et ne développent pas d'avantage de tumeurs que les souris sauvages (Schubart et al, 1996). Il est possible que les autres protéines de la famille de la stathmine compensent au moins partiellement l'absence de la stathmine. Cependant, SCG10 ne semble pas particulièrement sur-exprimée chez ces souris (Schubart et al, 1996).

Un phénotype apparaît pourtant chez ces souris lorsqu'elles sont âgées. Elles développent en effet une axonopathie des systèmes nerveux central et périphérique, ce qui suggère que la stathmine joue un rôle dans le maintient de l'intégrité axonale (Liedtke et al, 2002). L'analyse des niveaux d'expression des autres membres de la famille de la stathmine indique que SCLIP est légèrement surexprimée dans les cerveaux et la moelle épinière de ces souris KO.

L'inactivation du gène de la stathmine dans l'embryon de drosophile par interférence ARN provoque en revanche des phénotypes beaucoup plus délétères, probablement parce qu'il n'existe qu'un seul gène de stathmine et qu'aucune redondance fonctionnelle ne peut avoir lieu. Les mouches présentent un défaut de migration des cellules germinales et d'importantes anomalies du système nerveux associées à des défauts de migration et de guidage axonaux (Ozon et al, 2002).

V/ Les partenaires des protéines de la famille de la stathmine

Des partenaires de la stathmine et des autres protéines de la famille ont été découverts de différentes manières.

Un crible double-hybride réalisé sur une banque d'embryons de souris a ainsi permis d'identifier quatre protéines capables d'interagir avec la stathmine (Maucuer et al, 1995). L'une de ces protéines, BiP, est une protéine de choc thermique de la famille des Hsp-70, impliquée dans le repliement et l'assemblage des protéines dans le réticulum endoplasmique (Meunier et al, 2002). De plus, la stathmine semble interagir *in vitro* avec Hsc-70 une autre protéine de choc thermique (Manceau, Electrophoresis, 99). Ont aussi été isolées les domaines protéiques CC1 et CC2 qui selon les prédictions de structure secondaire, contiennent des motifs coiled-coil. RB1CC1 est une protéine régulatrice du gène suppresseur de tumeur RB1 (Chano et al, 2002) et CC2/tsg101 serait un facteur de susceptibilité tumoral (Li and Cohen, 1996). La quatrième protéine a été nommée KIS (Kinase Interagissant avec la Stathmine) car elle possède un domaine catalytique à activité sérine/thréonine kinase. L'identification de ces partenaires potentiels n'a pas encore débouché sur la description d'une nouvelle fonction de la stathmine.

L' interaction de la stathmine avec la tubuline a été mise à jour par un groupe qui recherchait des facteurs favorisant les catastrophes (Belmont and Mitchison, 1996). Cette interaction s'accorde avec un certain nombre de processus que nous avons déjà décrits. Les autres protéines de la famille de la stathmine lient également la tubuline, comme nous le verrons dans le chapitre suivant.

Enfin, deux études indépendantes montrent que SCG10 interagit via son SLD, avec certaines protéines de la famille des RGS qui régulent la signalisation passant par les petites protéines G (Liu et al, 2002; Nixon et al, 2002). RGSZ1 et SCG10 sont co-localisées au Golgi *in vivo* et leur interaction *in vitro* limite l'effet de SCG10 sur le désassemblage des microtubules (Nixon et al, 2002).

L'interaction de SCG10 avec RGS6 potentialiserait l'effet de chacune de ces deux protéines sur la différenciation neuronale des cellules PC12 induite par le NGF (Liu et al, 2002). SCG10 a aussi été retrouvée co-localisée avec le canal calcique voltage dépendant TRPC5 dans des vésicules cytoplasmiques et dans le cône de croissance de l'hippocampe (Greka et al, 2003). Il a été proposé que cette interaction permette de véhiculer TRPC5 au cône de croissance où elle favoriserait l'élongation des neurites et la formation des filopodes. L'ensemble de ces données implique donc directement SCG10 dans la différenciation neuronale.

En conclusion, la stathmine est une petite phosphoprotéine ubiquitaire très conservée au cours de l'évolution. Son expression et sa phosphorylation sont régulées au cours de la prolifération et de la différenciation cellulaire, ainsi qu'au cours du développement, du vieillissement et de certains cancers. Au regard de ces observations, il a été proposé que la stathmine ait un rôle de relais dans les voies de signalisations intracellulaires. La stathmine est aussi l'élément générique d'une famille de protéines qui possèdent toutes un domaine de grande similitude de séquence avec la stathmine. Chaque membre de la famille possède des propriétés spécifiques, qui doivent être étudiées en détail afin de comprendre le rôle de ces protéines dans l'organisme, et qui peuvent également trouver une application dans le champ de la thérapie anticancéreuse. La découverte de l'implication de ces protéines sur la dynamique des microtubules pourrait apporter une explication fonctionnelle à l'existence de cette famille de protéines.

CHAPITRE III - LA STATHMINE PARTICIPE AU CONTROLE DE LA DYNAMIQUE DES MICROTUBULES

En 1996, au cours d'une recherche de facteurs capables d'induire des catastrophes *in vitro*, Belmont et Mitchison ont purifié à partir de cellules de thymus de veau, une protéine qui s'est avérée être la stathmine (Belmont and Mitchison, 1996). Les auteurs ont proposé que la stathmine promouvait les phénomènes de catastrophes, qu'elle s'associait à la tubuline et qu'elle était directement impliquée dans la régulation de la dynamique des microtubules mitotiques. Il est alors apparu essentiel de mettre en rapport cette nouvelle fonction de la stathmine avec les régulations diverses dont elle fait l'objet dans les processus liés à la prolifération, à la différenciation et aux dérégulations cellulaires.

I/ Eléments en faveur de l'action de la stathmine sur la dynamique des microtubules

Une première indication de l'implication de la stathmine sur la dynamique des microtubules est sa capacité à altérer la masse des microtubules de la cellule. En effet, l'augmentation du niveau de stathmine par microinjection dans des cellules COS-7 en interphase diminue la densité du réseau de microtubules (Horwitz et al, 1997). Sa surexpression dans des cellules HeLa ou de cellules K562 transfectées et interphasiques conduit à la même conclusion (Marklund et al, 1996; Gavet et al, 1998). Inversement, l'inactivation de la stathmine par un anticorps bloquant et sa déplétion par des oligonucléotides anti-sens dans un système d'explant de poumon de triton multiplie par un facteur 2,5 la masse des microtubules (Howell et al, 1999a).

La stathmine est également responsable d'une diminution de la taille moyenne des microtubules de manière dépendante de sa concentration, comme cela a été observé dans des extraits interphasiques d'œufs de Xénope (Arnal et al, 2000), dans des cellules interphasiques en culture (Gavet et al, 1998) ou encore *in vitro* (Marklund et al, 1996; Howell et al, 1999b) (figure 32). Certains auteurs ont aussi remarqué que des microtubules « résistants » à la stathmine sont quelques fois moins droits et plus sinueux que les microtubules observés en l'absence de stathmine (Gavet, JCS, 1998).

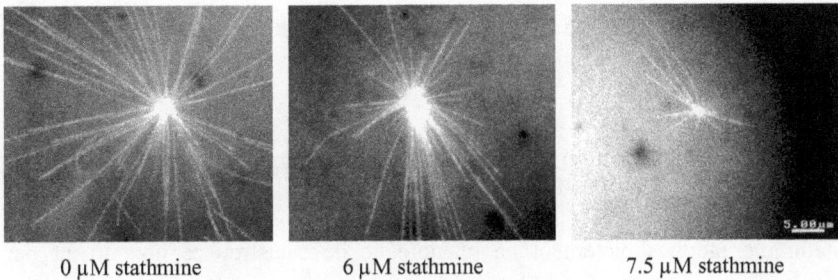

      0 µM stathmine   6 µM stathmine   7.5 µM stathmine

<u>Figure 32</u> : La stathmine réduit le nombre et la longueur des microtubules d'extraits interphasiques de Xénope de manière dépendante de sa concentration. Images de vidéo-microscopie prises au même temps après le début de l'enregistrement. Barre : 5 µm. (Arnal et al, 2000).

Par ailleurs, la stathmine semble modifier la structure de l'extrémité (+) des microtubules, comme cela a été montré dans des extraits d'œufs de Xénope (Arnal et al, 2000). Les microtubules nucléés à partir de centrosomes présentent, comme décrit dans le Chapitre I (voir page 9), des extrémités courbes en feuillets à deux dimensions caractéristiques de microtubules en élongation, des bouts francs correspondant à la fermeture de ces feuillets en tube, et des bouts frangés lorsque les microtubules se désassemblent. Lorsque des concentrations micromolaires de stathmine sont ajoutées, la longueur moyenne des microtubules est réduite. En outre, la proportion et la taille des feuillets diminuent et la proportion de microtubules à bouts frangés augmente. De façon intéressante, la proportion d'extrémités franches augmente également, probablement parce que ce sont des structures instables, qui peuvent refermer le microtubule si elles ne sont pas déstabilisées, ou se dépolymériser sous l'effet d'un facteur comme la stathmine. Toutes ces modifications sont dépendantes de la concentration de stathmine.

II/ Mécanismes proposés de l'action de la stathmine sur la dynamique des microtubules

Deux mécanismes d'action ont été avancés pour expliquer comment la stathmine module la dynamique des microtubules: Gullberg *et coll.* suggèrent que la stathmine induit directement ce phénomène de catastrophes notamment par interaction avec les extrémités des microtubules; Curmi *et coll.* et Carlier *et coll.* ont montré que la stathmine séquestre la tubuline libre de sorte qu'elle ne puisse plus s'incorporer aux microtubules.

A/ La stathmine provoque les catastrophes au bout (+) des microtubules

A l'origine, Belmont et Mitchison avaient isolé la stathmine car elle s'opposait à la polymérisation de la tubuline et parce que ce phénomène s'accompagnait d'une augmentation de la fréquence des catastrophes (Belmont and Mitchison, 1996). Les résultats obtenus de l'inactivation de la stathmine dans des explants de poumon de triton vont dans le même sens puisque la fréquence des catastrophes est diminuée d'un facteur 2,5 environ à l'extrémité (+) (Howell et al, 1999a). *In vitro*, le groupe de Martin Gullberg retrouve, sous l'influence de la stathmine, une augmentation de la fréquence des catastrophes aux deux extrémités des microtubules, mais particulièrement marquée au bout (+) (Howell et al, 1999b). Dans les conditions expérimentales utilisées, les autres paramètres de l'instabilité dynamique restent quant à eux inchangés.

Ces auteurs suggèrent notamment que des mutations des motifs répétés (abcdef)n (figure 22) ne modifient pas la liaison à la tubuline alors qu'elles induisent de forte altérations du réseau de microtubules des cellules K562 transfectées (Larsson et al, 1999b), ce qui, si ces données sont exactes, signifierait que la stathmine induit une dépolymérisation des microtubules indépendamment de sa liaison à la tubuline (voir plus bas). L'étude de l'effet de divers mutants de délétion de la stathmine sur les paramètres de la dynamique des microtubules a permis d'identifier la région N-terminale comme la région responsable des catastrophes (Howell et al, 1999b). Les 57 résidus N-terminaux de la stathmine auraient même une activité pro-catastrophes autonome (Segerman et al, 2003).

Il a ainsi été proposé que la région N-terminale de la stathmine se lie à l'extrémité (+) des microtubules au niveau du site d'incorporation de nouvelles sous unités de tubuline. Cependant, cette hypothèse semble improbable dans la mesure où des expériences de pontage ont montré que cette région se liait à la sous unité α de tubuline (Wallon et al, 2000) (Muller et al, 2001). Par ailleurs, la stathmine n'a à ce jour jamais été observée à l'extrémité des microtubules et aucun mécanisme cohérent n'est à ce jour proposé pour expliquer l'effet direct de la stathmine sur la promotion des catastrophes.

B/ La stathmine séquestre la tubuline

L'origine de l'augmentation de la fréquence des catastrophes par la stathmine est une donnée en elle-même controversée. Curmi *et coll.* ont en effet trouvé que la fréquence des catastrophes n'est pas directement modifiée par la stathmine mais résulte de la séquestration de la tubuline (Curmi et al, 1997). En effet, la stathmine interagit non pas avec les microtubules mais avec la tubuline. Des tests de polymérisation *in vitro* montrent qu'une concentration fixe de stathmine induit la dépolymérisation d'une quantité fixe de microtubules, quelque soit la concentration initiale de tubuline. Cela indique que la concentration critique de la tubuline n'est pas modifiée et que la stathmine n'interagit pas avec les extrémités des microtubules (Jourdain et al, 1997). De plus, la stathmine reste dans la fraction soluble avec la tubuline libre et n'est pas retrouvée dans le culot de microtubules (Belmont and Mitchison, 1996; Marklund et al, 1996). Un ensemble d'expériences d'ultracentrifugation analytique (Jourdain et al, 1997), de résonance plasmonique de surface (Curmi et al, 1997) ou encore de radio-cristallographie du complexe (Gigant et al, 2000), ont démontré l'existence d'une interaction directe entre la stathmine et la tubuline.

Il est désormais communément admis que la stathmine séquestre la tubuline dans un complexe non polymérisable formé d'une molécule de stathmine et de deux hétérodimères de tubuline (complexe T_2S) (Curmi et al, 1997; Jourdain et al, 1997).

C/ Une co-existence de ces deux mécanismes?

La séquestration de la tubuline et la promotion directe des catastrophes peuvent toutes les deux rendre compte de l'effet de la stathmine sur la dynamique des microtubules. Partant de l'observation que chaque modèle a été construit sur des expériences faites dans différentes conditions de pH, l'occurrence de chaque mécanisme a été analysée à pH 6.8 et à pH 7.5 (Howell et al, 1999b). A pH 6.8, la stathmine diminuerait la vitesse d'élongation et augmenterait la fréquence des catastrophes aux deux extrémités des microtubules, en accord avec une séquestration de la tubuline. A pH 7.5, elle n'aurait aucune influence sur la vitesse d'élongation à aucune extrémité, mais présenterait une activité propre favorisant les catastrophes indépendamment de la séquestration de la tubuline. La stathmine aurait donc à la fois une activité pro-catastrophes et une activité de séquestration, selon le pH de travail. Pourtant de récentes données structurales indiquent que la conformation et la dynamique du complexe T_2S ne sont que modestement altérées par des variations de pH (Honnappa et al, 2003).

Il a également été proposé que ces deux activités co-existent de part l'intervention de deux régions différentes de la stathmine. La région N-terminale serait comme nous l'avons vu responsable de l'effet catastrophe indépendamment d'une séquestration (Segerman et al, 2003), alors que la longue région hélicoïdale permettrait la séquestration de la tubuline (Larsson et al, 1999a; Howell et al, 1999b) .

III/ L'interaction tubuline:stathmine

A/ Propriétés biochimiques

Les approches expérimentales qui ont permis de déterminer la stoechiométrie T_2S de l'interaction tubuline:stathmine, apportent également des informations quant aux propriétés biochimiques et structurales du complexe. L'interaction apparaît dépendante du pH et de la force ionique, les meilleurs signaux de résonance plasmonique de surface étant obtenus avec un tampon d'interaction à pH 6,8 contenant 5 mM de MgCl2 (Curmi et al, 1997). L'affinité de l'interaction tubuline:stathmine est micromolaire (tableau 1). La concentration de tubuline dans la cellule est du même ordre de grandeur, ce qui confère certainement un sens physiologique à cette interaction (Curmi et al, 1997).

Conditions	Méthode utilisée	K_D	Référence
pH 6,5	RPS (BIAcore)	0,6 μM	Curmi *et coll.*, 1997
pH 6,8	RPS (BIAcore)	0,12 μM	Steinmetz *et coll.*, 2001
pH 6,8	Capture («pull down»)	$K_D1 = 7,5$ μM $K_D2 = 0,2$ μM	Larsson *et coll.*, 1999
pH 6,5	Capture	$K_D1 = 3$ μM $K_D2 = 0,1$ μM	Segerman *et coll.*, 2000
pH 6,8	FRET	$K_D1 = 1,9$ μM, $K_D2 = 0,02$ μM	Niethammer *et coll.*, 2004
pH 7,5	Capture	$K_D1 = 7,2$ μM $K_D2 = 0,9$ μM	Holmefldt *et coll.*, 2001
pH 7,4	Capture	$K_D1 = 19$ μM $K_D2 = 1$ μM	Larsson *et coll.*, 1999

<u>Tableau 1</u> : Constantes de dissociation du complexe T_2S mesurées par différentes techniques, dans différentes conditions de pH et par différentes équipes. K_D1 et K_D2 représentent les constantes de dissociation du 1er et du 2eme hétérodimère de tubuline dans un modèle coopératif.

<u>B/ Echange et hydrolyse du nucléotide</u>

L'échange du nucléotide dans le complexe T_2S a été étudié par mesure du transfert d'énergie entre la tubuline et le nucléotide-S6 se dissociant (Amayed et al, 2000). Ce travail montre qu'à saturation la stathmine ralentit d'environ 20 fois l'échange du GDP et que ce processus est indépendant de la dissociation du complexe T_2S lui-même. La modélisation de ces résultats conduit par ailleurs à des constantes de dissociation similaires des deux nucléotides GDP ($\sim 10^{-3}$ sec^{-1}). La stathmine ralentit également la dissociation du GTP pour atteindre une constante de dissociation du même ordre de grandeur que pour le GDP. Cependant, par rapport aux valeurs obtenues pour la tubuline libre, l'ampleur du ralentissement est moins spectaculaire pour le GTP que pour le GDP.

L'hydrolyse du GTP en GDP est par ailleurs augmentée d'un facteur 3 environ en présence de stathmine. La délétion de la deuxième moitié de région hélicoïdale de la stathmine inhibant l'hydrolyse du GTP, cette région semble stimuler l'activité GTPasique de la tubuline (Larsson et al, 1999a). Le même groupe rapporte que la région N-terminale aurait l'effet inverse et inhiberait l'hydrolyse basale du GTP (Segerman et al, 2003).

Enfin, il semble que l'affinité de l'interaction tubuline:stathmine soit plus forte lorsque la tubuline est sous forme GDP que lorsqu'elle sous forme GTP (Jourdain et al, 1997; Gigant et al, 2000).

Le modèle proposé par Amayed *et coll.* est qu'en diminuant l'échange du GDP, la stathmine stocke la tubuline sous forme GDP non polymérisable. A sa dissociation du complexe, par exemple par phosphorylation de la stathmine, la tubuline doit ensuite échanger son GDP pour un GTP. Le temps nécessaire à l'ensemble de ces évènements pourrait constituer un délai régulateur de certains processus cellulaires, comme par exemple le passage de l'interphase à la mitose (Amayed, 2002).

C/ Structure du complexe T_2S

Le rayon de Stokes du complexe T_2S a été déterminé par chromatographie d'exclusion (60 Å). Le fait que ce rayon corresponde à celui d'une protéine globulaire d'environ 430 KDa, alors que le poids moléculaire moyen calculé du complexe n'est que de 217 KDa, indique que le complexe T_2S est asymétrique (Curmi et al, 1997).

En microscopie électronique, les complexes T_2S apparaissent sous forme de particules asymétriques et allongées de 8×17 nm (figure 33). Le complexe présente une courbure d'un angle moyen de 25° qui fait penser à la conformation courbe de la tubuline-GDP (Steinmetz et al, 2000). Les centres des monomères intra-dimères de tubuline sont séparés d'une distance de 4 nm et la distance inter-dimère séparant les centres des monomères adjacents est de 5 nm.

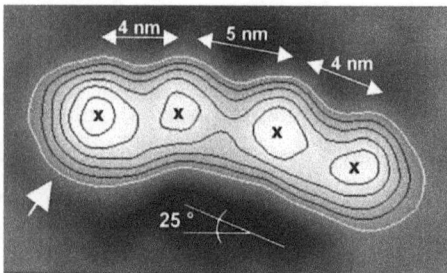

Figure 33: Image statistique moyenne du complexe T_2S obtenue à partir de données de microscopie électronique à transmission. Flèche : asymétrie attribuée à la région N-terminale de la stathmine. (Steinmetz et al, 2000).

D'autres informations de structure ont été apportées grâce à la résolution à 4 Å par cristallographie aux rayons X du complexe tubuline:$RB3_{SLD}$ (Gigant et al, 2000) (figure 34). Nous aborderons plus loin l'interaction entre les protéines de la famille de la stathmine et la tubuline. Cependant il est intéressant de noter qu'en comparaison des résultats de la microscopie électronique, ces données suggèrent que l'organisation générale du complexe formé avec la tubuline est la même pour la stathmine et pour $RB3_{SLD}$. On note en effet que la morphologie, la taille et l'angle de courbure du complexe sont similaires. De plus, ce travail montre qu'au sein du complexe T_2S, les dimères de tubuline sont arrangés tête à queue (α–β–α–β) et reposent sur une longue hélice-α de SLD coudée de 91 résidus. Bien que la résolution ait été insuffisante pour déterminer les limites de cette hélice, sa longueur est en accord avec les prédictions de structure secondaire (figure 25). De fait, chaque copie de la répétition interne de cette structure est certainement située en face d'un hétérodimère de tubuline, la séquence de liaison entre chaque copie étant située au milieu du complexe, au niveau de la courbure (Gigant et al, 2000).

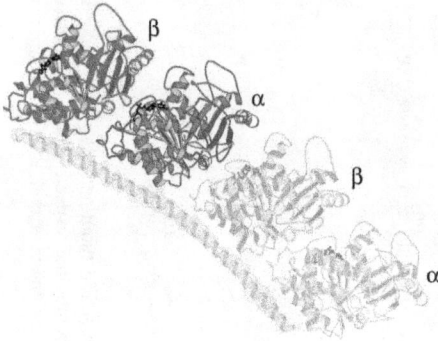

Figure 34: Structure obtenue par radio- cristallographie du complexe tubuline:RB3$_{SLD}$. L'hélice-α jaune est une hélice poly-A qui a été glissée dans la densité électronique du SLD apparaissant en bleu clair. La structure des sous unités de tubuline est dérivée de la structure de la tubuline en feuillet de zinc. (Gigant et al, 2000).

Cette approche n'a pas permis de visualiser la région N-terminale. Cependant des expériences indépendantes de pontage ont révélé que la région N-terminale de la stathmine interagissait avec la sous unité α de tubuline (Muller et al, 2001). Cette information, associée aux données de microscopie électronique et de résolution aux rayons X, permet de positionner la région N-terminale le long de la seule tubuline α qui pointe vers l'extérieur du complexe.

D/ Régions de la stathmine nécessaires à son interaction avec la tubuline

La structure par cristallographie du complexe tubuline:RB3$_{SLD}$ à 4 Å montre que sur le SLD, les résidus proches d'un hétérodimère de tubuline et ceux proches du deuxième hétérodimère sont séparés d'une distance constante de 51 résidus (Gigant et al, 2000). De façon intéressante, cette distance est aussi celle qui sépare les deux copies de la répétition interne.

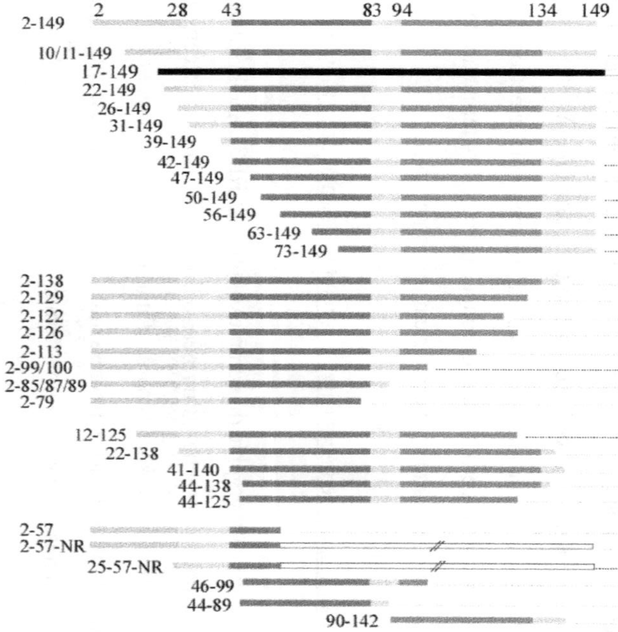

Figure 35 : fragments recombinants utilisés par différentes équipes pour l'étude de l'interaction tubuline:stathmine. Jaune: région N-terminale précédent la région riche en prolines. Rouge et bleu : site 1 et site 2 d'ancrage de la tubuline respectivement. (a) Larsson et coll. 1999a.(b) Redeker et coll. 2000. (c) Segerman et coll. 2000. (d) Wallon et coll. 2000. (e) Steinmetz et coll. 2000. (f) Segerman et coll. 2000. (g) Amayed et coll. 2000.

Ces données sont en accord avec celles obtenues dans le cadre de la recherche de la région minimale de stathmine capable d'interagir avec la tubuline (figure 35). Parmi les fragments générés par protéolyse ménagée du complexe T_2S, ceux qui sont encore capables de former un complexe T_2S ont en commun un noyau (aa 44-125) qui correspond à la région en hélice-α (Redeker et al, 2000). Les auteurs ont montré que ce noyau doit être étendu dans sa région N- ou C-terminale pour que la tubuline soit séquestrée. L'ensemble de ces données conduisait à penser que les deux hétérodimères de tubuline du complexe T_2S faisaient face à la région 44-125 de la stathmine qui présentait de ce fait deux sites de liaison de la tubuline similaires car centrés chacun sur une copie de la répétition interne (site 1 et site 2). Cette observation a été à la base de mon travail de thèse.

Il est intéressant de noter que le fragment contenant la région N-terminale + site 1 inhibe la polymérisation *in vitro* de la tubuline (Wallon et al, 2000). Bien qu'aucune interaction entre ce fragment et la tubuline n'ait été observée, peut être à cause d'une faible affinité, il ne semblait pas impossible que ce fragment ne séquestre qu'un seul hétérodimère de tubuline. Aucun des deux sites isolés n'étant capable d'inhiber la polymérisation de la tubuline (Wallon et al, 2000), la région N-terminale pourrait alors jouer un rôle non négligeable dans la formation du complexe T_2S.

IV/ Effet de la phosphorylation de la stathmine sur son interférence avec les microtubules

Les études portant sur l'effet de la phosphorylation de la stathmine sur l'interaction avec la tubuline, sur l'inhibition de la polymérisation ou sur la morphologie du réseau de microtubules, ont été menées grâce à la phosphorylation *in vitro* de chaque site de phosphorylation par sa kinase préférentielle et grâce à la génération de mutants des sites de phosphorylation isolés ou en combinaison. La mutation des sérines en alanines permet de générer des formes non-phosphorylables (4-A) alors que la charge du phosphate peut être mimée par des résidus aspartates ou glutamates (4-D ou 4-E), donnant ainsi lieu à des formes pseudo-phosphorylées.

A/ Effet sur l'interaction avec la tubuline et sur l'assemblage des microtubules *in vitro*

Pour analyser le rôle potentiel de la phosphorylation de la stathmine dans la régulation de l'interaction avec la tubuline, l'efficacité d'un pontage chimique entre la tubuline et différentes formes de la stathmine non-phosphorylables ou phosphorylées a été testée *in vitro* (Larsson et al, 1997) (figure 36). Ce travail montre que la stathmine phosphorylée sur ses quatre sites n'interagit plus avec la tubuline. Cela est en accord avec le fait que le mutant 4-E est en équilibre d'association/ dissociation rapide avec la tubuline (Jourdain et al, 1997) et avec le fait que son affinité pour la tubuline est environ trois fois plus faible que celle de la stathmine (Curmi et al, 1997). Il est à noter que la substitution des sérines par des résidus acides ne mime que partiellement la phosphorylation, ce qui explique que certains auteurs n'observent pas de différences entre la stathmine et le mutant 4-E ou 4-D (Horwitz et al, 1997; Amayed et al, 2000). De grandes différences dans la quantité de tubuline séquestrée par la stathmine et par le mutant 4-E peuvent cependant être observées en réduisant la concentration critique de tubuline (ajout de taxol) (Amayed et al, 2002).

La recherche des sites responsables de cette perte de fonction a permis de déterminer que la phosphorylation simultanée des sites 25 et 38 n'altère que modestement l'interaction tubuline:stathmine, alors que la double phosphorylation des sites 16 et 63 est nécessaire et suffisante pour l'inhiber presque totalement (Larsson et al, 1997; Melander Gradin et al, 1998) (figure 36). Une approche structurale a démontré que la phosphorylation de la sérine 63, située dans le site 1 d'ancrage de la tubuline, entraîne une déstructuration locale et à distance de l'hélice-α, ce qui empêche la liaison à la tubuline (Steinmetz et al, 2001).

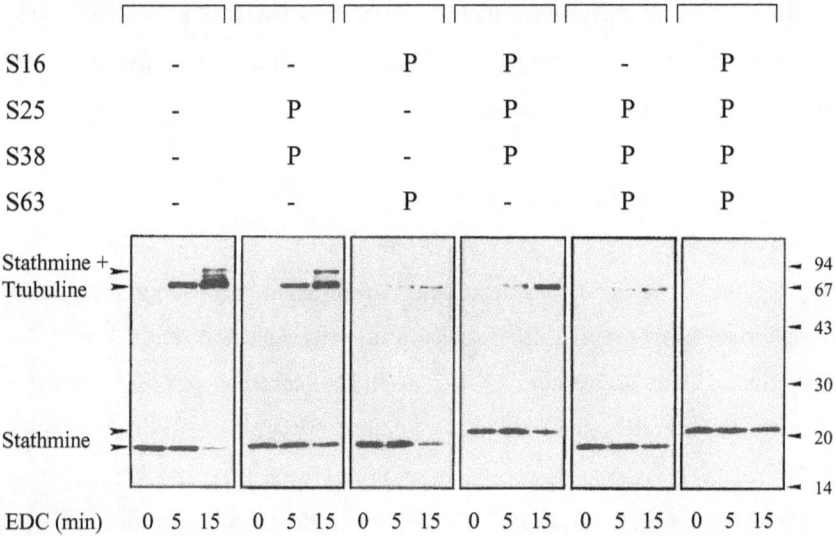

Figure 36 : pontage chimique (EDC) entre la tubuline (10 µM) et différentes phosphoformes de stathmine (1 µM). Les complexes ont été révélés avec un anticorps anti-stathmine. Les formes de stathmine non complexées à la tubuline migrent à environ 20 KDa et les complexes, à 71 et 83 KDa. (Larsson et al, 1997).

Les tests de polymérisation *in vitro* de la tubuline montrent que la phosphorylation de la stathmine inhibe sa capacité à limiter la polymérisation. Le fait que chacune des phosphoformes inhibe l'action de la stathmine sur la polymérisation de la tubuline d'autant mieux qu'elle empêche l'interaction avec la tubuline, constitue un argument en faveur du mécanisme de séquestration. Par exemple, lorsque les sites 16 et 63 sont phosphorylés, la stathmine limite moins la polymérisation de la tubuline, tout comme elle est lie moins la tubuline (Larsson et al, 1997; Di Paolo et al, 1997a; Melander Gradin et al, 1998).

La phosphorylation de la stathmine altère donc sa capacité à séquestrer la tubuline et constitue un moyen de régulation de l'action de la stathmine sur les microtubules. Les phosphoformes de stathmine peuvent être classés par ordre croissant d'effet inhibiteur de la stathmine: phospho-16-25-38-63 ~ phospho-16-63 > phospho-25-38-63 > phospho-16-25-38 > phospho-25-38 > formes mono-phosphorylées > forme non phosphorylée.

B/ Effet sur le réseau de microtubules *in vivo*

Par rapport à la stathmine sauvage, l'expression des mutants pseudo-phosphorylable 4-D et 4-E est associée à une augmentation de la densité des microtubules dans les cellules COS-7 et HeLa interphasiques, indiquant que l'action de la stathmine sur les microtubules peut aussi être régulée négativement *in vivo* par sa phosphorylation (Horwitz et al, 1997; Gavet et al, 1998). Comme cela a été décrit *in vitro*, les pseudo-phosphorylations des sites 25 et 38 simultanément (S25,38D) ou des sites 16 ou 63 individuellement (S16,25,38A-S63E), n'inhibent que faiblement l'action de la stathmine sur le réseau de microtubules (Gavet et al, 1998)[11]. La stathmine inhibe donc la polymérisation des microtubules dans les cellules et cet effet y est régulé par sa phosphorylation.

1. En interphase

---

[11] Bien que très informatives sur l'importance de la phosphorylation de la stathmine dans les cellules, ces études pourraient ne pas refléter la réalité de l'action de la stathmine sur morphologie des

Pour étudier l'effet de la phosphorylation de la stathmine sur la morphologie du réseau de microtubules en interphase, différents mutants non-phosphorylables de la stathmine ont été transfectés dans des cellules K562 interphasiques. Les sites mutés ne sont pas phosphorylés mais les sites non mutés doivent en théorie être spécifiquement phosphorylés par les kinases endogènes des cellules et protéger le réseau de microtubules de l'effet de la stathmine. Pourtant, à des niveaux d'expression similaires, les mutants S25,38A, S16,63A et même le mutant 4A, induisent une diminution de la densité de microtubules des cellules K562 et HeLa, de la même manière que la stathmine sauvage (Larsson et al, 1997; Gavet et al, 1998). Il apparaît donc que la stathmine est peu phosphorylée en interphase et peut y réguler activement la dynamique des microtubules.

2. En mitose

En mitose, contrairement à ce qui est observé en interphase, la surexpression de stathmine sauvage n'affecte pas la morphologie du réseau de microtubules (figure 37). Cela s'explique par le fait que la stathmine est hyper-phosphorylée et donc inactivée en mitose, quelque soit son niveau d'expression. En effet, le mutant pseudo-phosphorylé 4-E a la même influence sur les cellules HeLa mitotiques que la stathmine sauvage puisqu'il n'altère pas le fuseau mitotique et permet de conduire les cellules jusqu'en télophase (Gavet et al, 1998).

Inversement, lorsque la stathmine n'est plus phosphorylable (mutant 4-A), les microtubules du fuseau sont inexistants dans environ 80 % des cellules transfectées et très courts dans les cellules restantes, ce qui se traduit par une mauvaise séparation des chromosomes qui s'agrègent (figure 37) (Larsson et al, 1997; Gavet et al, 1998).

De la même manière, l'injection de stathmine non-phosphorylable 4-A dans un des deux blastomères d'un embryon de Xénope provoque une disparition du fuseau mitotique et résulte en un arrêt du clivage de la cellule traitée et du

microtubules en interphase puisqu'elle n'est que très peu phosphorylée à ce stade du cycle cellulaire.

développement de l'embryon (Küntziger et al, 2001). Lorsque le fuseau est pré-formé dans des extraits mitotiques d'œufs de Xénope, sa taille et sa densité sont très largement réduites par l'addition du mutant 4-A alors que le mutant 4-E n'a pas d'effet (Budde et al, 2001; Küntziger et al, 2001).

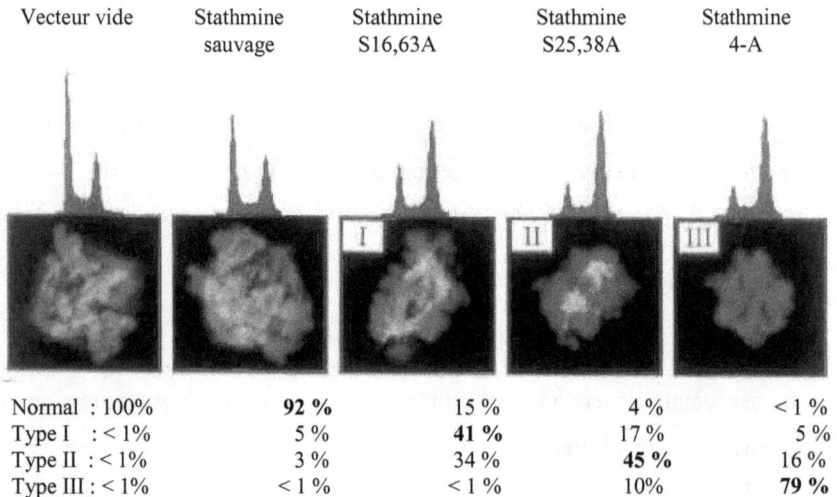

	Vecteur vide	Stathmine sauvage	Stathmine S16,63A	Stathmine S25,38A	Stathmine 4-A
Normal :	100%	**92 %**	15 %	4 %	< 1 %
Type I :	< 1%	5 %	**41 %**	17 %	5 %
Type II :	< 1%	3 %	34 %	**45 %**	16 %
Type III :	< 1%	< 1 %	< 1 %	10%	**79 %**

Figure 37: phénotypes de mitose de cellules K562 transfectées avec différentes phosphoformes de stathmine. Vert: tubuline. Rouge: ADN. Type I : microtubules kinétochoriens moins denses, seulement quelques chromosomes alignés. Type II : pas de microtubules kinétochoriens, chromosomes agrégés, centrosomes correctement séparés. Type III : absence totale de microtubules, chromosomes totalement agrégés. (Larsson et al, 1997).

Une étude très récente utilisant la technologie FRET dans des cellules mitotiques de Xénope XL 177, indique que la stathmine se lie d'autant plus à la tubuline qu'elle est physiquement éloignée des chromosomes (Niethammer et al, 2004) (figure 38). Les auteurs montrent que le transfert d'énergie qui rend compte de ce gradient d'interaction est dépendant de la phosphorylation de la stathmine, celle-ci étant plus phosphorylée au fuseau mitotique. L'absence de gradient en présence d'un triple mutant non-phosphorylable de stathmine est en outre associée à des fuseaux plus courts et perturbés. De façon intéressante, la déplétion de la kinase chromatinienne Plx1 de type Polo d'extraits d'œufs de Xénope, inhibe à la fois la phosphorylation de la stathmine et l'assemblage du fuseau (Budde et al, 2001), suggérant une phosphorylation plus importante et localisée de la stathmine près de la chromatine.

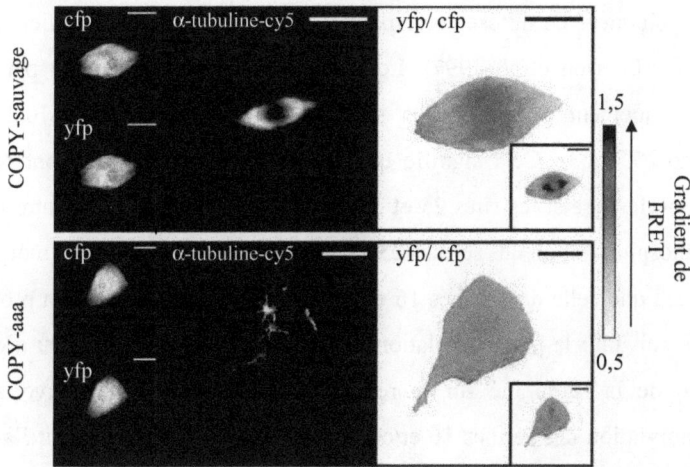

Figure 38: Gradient d'interaction de la tubuline avec la stathmine sauvage (en haut) ou non phosphorylable (en bas). La stathmine a été fusionnée avec deux fluorochromes différents et transfectée dans des cellules de Xénope. Un phénomène de transfert d'énergie est observé lorsque la stathmine est dissociée de la tubuline, comme par exemple lorsqu'elle est phosphorylée. Couleurs claires : stathmine liée à la tubuline. Couleurs foncées : stathmine non complexée à la tubuline.(Niethammer et al, 2004).

Dans l'ensemble, ces travaux indiquent que l'inactivation de la stathmine par phosphorylation est critique pour l'assemblage du fuseau mitotique et pour la progression de la mitose. Le fait que la stathmine soit inactivée en mitose et peu en interphase a laissé penser que son premier rôle physiologique est de réguler la dynamique des microtubules interphasiques (Larsson et al, 1997). Pourtant, l'inhibition de l'expression de la stathmine par des oligonucléotides anti-sens est associée à des anomalies phénotypiques du fuseau mitotique et à des blocages des cellules en mitose, ce qui suggère que la stathmine est activement impliquée dans la régulation du fuseau mitotique (Iancu et al, 2000).

En mitose, les sites 25 et 38 sont plus phosphorylés que les sites 16 et 63 (Larsson et al, 1995). La proportion de formes bi-phosphorylées (25 %) dans les cellules bloquées en mitose correspond d'ailleurs à la phosphorylation des sites 25 et 38 (Larsson et al, 1997). Les formes tri-phophorylées sont par ailleurs systématiquement phosphorylées sur ces deux sites (phospho-16,25,38 ou phospho-25,38,63). Cela signifie que les sites 16 et/ou 63 ne sont retrouvés phosphorylés que si les sites 25 et 38 le sont aussi. Comme le montre la figure X, la phosphorylation des sérines 25 et 38 altère beaucoup moins la morphologie du fuseau que celle des sérines 16 et 63. Ces données ont conduit à proposer le modèle suivant : la phosphorylation des sérines 25 et 38 aurait peu d'effet sur l'action de la stathmine sur le réseau de microtubules mais favoriserait la phosphorylation des sérines 16 et/ou 63, qui en revanche bloquerait l'action de la stathmine sur les microtubules (Larsson et al, 1997).

V/ Les autres protéines de la famille de la stathmine séquestrent la tubuline

Comme la stathmine, les autres protéines de sa famille ont la capacité de déstabiliser les microtubules. La surexpression de SCG10, SCLIP, RB3 et RB3'' dans les cellules HeLa induit une dépolymérisation du réseau de microtubules interphasiques de façon dépendante du niveau d'expression (Gavet et al, 1998). Dans les cellules COS-7 interphasiques, la perturbation des microtubules par SCG10 peut être réduite par phosphorylation (Antonsson et al, 1998). Bien que la phosphorylation de ces protéines soit peu ou pas décrite, il est probable qu'elles soient phosphorylées dans les cellules mitotiques car aucune n'induit d'accumulation en mitose, ni de perturbation du fuseau mitotique, ni d'altération de l'alignement des chromosomes (Gavet et al, 1998).

Il a été montré au laboratoire que comme la stathmine, toutes les protéines de la famille inhibent la polymérisation des microtubules *in vitro* en séquestrant deux hétérodimères α/β de tubuline, par l'intermédiaire de leur domaine de type stathmine (SLD). Cependant, la comparaison des propriétés d'interaction des divers SLD avec la tubuline, notamment par résonance plasmonique de surface, montre que les différents complexes T_2-SLD présentent des cinétiques d'association et de dissociation variables (Charbaut et al, 2001) (figure 39).

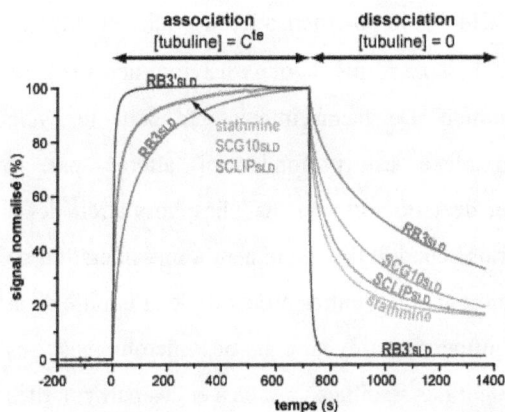

Figure 39 : Signaux normalisés de résonance plasmonique de surface. La tubuline en solution a été injectée sur une surface sur laquelle ont été immobilisés les SLD. (Charbaut et al, 2001).

Ainsi, l'association apparente de la tubuline à la stathmine, SCG10$_{SLD}$ et SCLIP$_{SLD}$ est très semblable, alors que la tubuline se dissocie plus lentement de SCG10$_{SLD}$ que de SCLIP$_{SLD}$ et de la stathmine. A l'extrême, la tubuline s'associe et se dissocie très rapidement de RB3'$_{SLD}$ et très lentement de RB3$_{SLD}$ (Charbaut et al, 2001). Pour RB3$_{SLD}$, ces résultats ont par la suite été confirmés par la détermination des constantes d'association (3.5.10-3 µM2.sec-1) et de dissociation (1.9.10-3 sec-1) (Krouglova et al, 2003).

Deux études réalisées sur SCG10 et sur RB3 respectivement suggèrent cependant que lorsque les protéines sont examinées dans leur totalité (extension N-terminale + SLD), leur activité de limitation de la polymérisation des microtubules est diminuée (Antonsson et al, 1998; Nakao et al, 2004). Cette différence est à mettre en parallèle avec la localisation sub-cellulaire de ces protéines. En effet, l'extension N-terminale semble communément adresser les protéines de la famille de la stathmine aux membranes où leur rôle sur la dynamique des microtubules serait limité. En revanche, cette extension peut être clivée, du moins dans le cas de SCG10, libérant ainsi $SCG10_{SLD}$ dans le cytoplasme où elle pourrait limiter l'assemblage des microtubules.

En conclusion, la stathmine inhibe la polymérisation des microtubules en séquestrant la tubuline dans un complexe formé de deux hétérodimères α/β de tubuline par molécule de stathmine. De façon intéressante pour le cycle cellulaire, la stabilité du complexe est profondément altérée par la phosphorylation de la stathmine, de telle sorte que la phosphorylation de la stathmine observée lors de la mitose conduit théoriquement à une libération de tubuline du complexe tubuline:stathmine. Les autres protéines de la famille de la stathmine sont aussi capables d'influencer la dynamique des microtubules. Les divers complexes T_2-SLD présentent des stabilités variables et ces particularités peuvent être exploitées pour comprendre les raisons de l'existence de cette famille de protéines.

RESULTATS

L'objectif de mon travail de thèse a été de mieux comprendre le mécanisme fondamental de l'interaction des protéines de la famille de la stathmine avec la tubuline, leurs régulations et les raisons de leur diversité.

Par une première approche, j'ai cherché à modéliser l'interaction tubuline:stathmine à partir de signaux de résonance plasmonique de surface que j'ai préalablement optimisés en développant un nouveau système de couplage de la stathmine sur la surface du BIAcore.

En parallèle, j'ai mené une autre étude qui a consisté en l'étude fonctionnelle de trois sous-domaines structuraux de SLD. Le principe a été de mettre à profit l'existence des propriétés très différentes d'interaction avec la tubuline de la stathmine et d'un SLD de cette famille, $RB3_{SLD}$, afin de caractériser les régions qui modulent cette interaction. Ce travail apporte des éléments clés pour comprendre les mécanismes conduisant à la formation d'un complexe T_2-SLD stable. Il permet également de cibler les régions responsables des différences observées entre les SLD de stathmine et de RB3 et de décrire les processus moléculaires par lesquels ces régions conduisent à différents comportements vis à vis de la tubuline.

J'ai également identifié des peptides de SLD capables d'inhiber la polymérisation de la tubuline *in vitro*. Les résultats préliminaires permettent d'envisager de synthétiser des molécules capables de perturber le déroulement du cycle cellulaire.

TRAVAIL I-

OPTIMISATION DES CONDITIONS D'ETUDES DE L'INTERACTION

TUBULINE:SLD PAR RESONANCE PLASMONIQUE DE SURFACE

I/ Introduction

La technologie BIAcore utilise le phénomène de résonance plasmonique de surface (RPS) pour suivre en temps réel des interactions entre des macromolécules non marquées (figure 40). En conditions de réflexion totale de la lumière sur une surface métallique, il existe un angle particulier, dit angle de résonance, pour lequel on observe une diminution de l'intensité lumineuse. La valeur de cet angle dépend, entre autres paramètres, de la concentration en masse de matériel présent au voisinage de la surface métallique. Le signal, mesuré en unités de résonance (UR), est proportionnel à la masse de molécules au voisinage de la surface. En pratique, l'un des partenaires (ligand), est immobilisé sur la plaque au contact de laquelle passe un flux de tampon contenant l'analyte potentiel ; quand les molécules d'analyte interagissent avec le ligand immobilisé, la concentration en macromolécules au voisinage de l'interface augmente, ce qui entraîne une variation de l'angle de résonance et la génération d'un signal. Le phénomène inverse est observé lorsque l'analyte se dissocie du ligand.

Les signaux mesurés permettent de mettre à jour des interactions entre deux molécules et à saturation du ligand, de déterminer la stoechiométrie du complexe formé. Les variations de la réponse enregistrée donnent accès à des informations cinétiques concernant l'interaction étudiée. Enfin, l'ensemble des informations recueillies permettent en théorie de modéliser et donc de décrire les mécanismes d'interactions entre deux molécules.

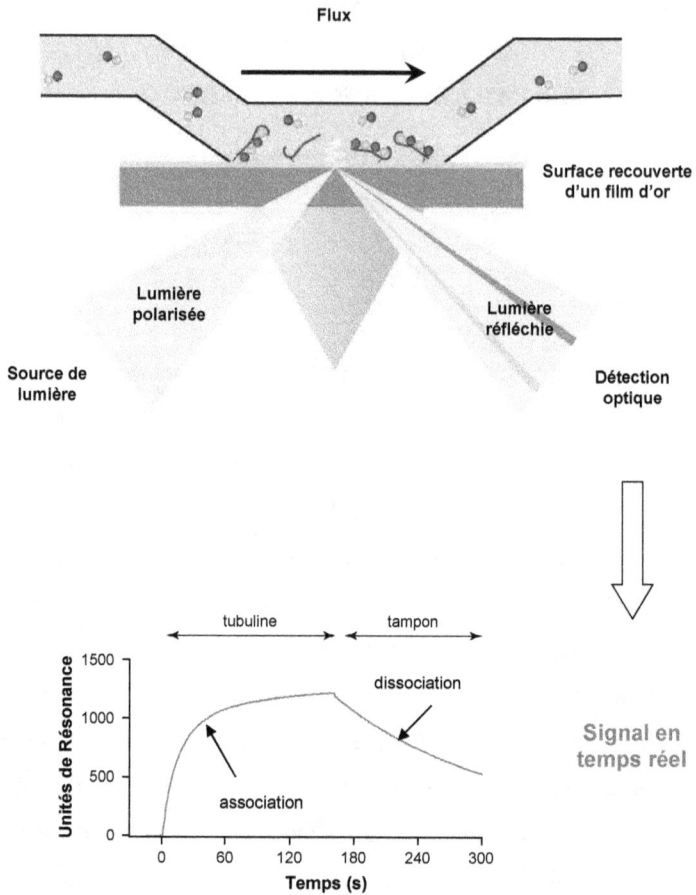

Figure 40 : principe de la résonance plasmonique de surface et détection des signaux émis.

Le laboratoire a été le premier à utiliser la technologie BIAcore dans le cadre de l'étude de l'interaction tubuline:stathmine. La tubuline en solution était injectée sur un tapis de stathmine immobilisée sur la surface du BIAcore. Ces analyses ont permis de démontrer le caractère direct de l'interaction entre la stathmine et la tubuline (Curmi et al, 1997). Des différences de cinétiques ont pu être observées en fonction du pH et de l'environnement ionique, ce qui a conduit à améliorer les conditions d'étude de cette interaction. De plus, l'analyse de l'interaction de la tubuline avec les SLD de la famille de la stathmine a révélé des variations importantes des cinétiques d'interaction (Charbaut et al, 2001).

Pourtant, aucune de ces données n'a permis de modéliser l'interaction tubuline:stathmine, ni de déterminer l'origine des différences moléculaires observées entre les différents SLD. De plus, la stoechiométrie T_2S mesurée par d'autres techniques comme la polymérisation *in vitro* de la tubuline ou la filtration sur gel, n'a pas pu être retrouvée par résonance plasmonique de surface.

La recherche des causes de ces limitations nous a conduit à reconsidérer le mode de couplage de la stathmine ou des SLD sur la surface du BIAcore. En effet, jusqu'à présent, les dérivés de stathmine étaient immobilisés sur la surface chimiquement activée par l'intermédiaire de leurs résidus lysines. Or, l'observation de la structure du complexe T_2-RB3$_{SLD}$ par radio-cristallographie montrait clairement qu'un tel couplage du SLD pouvait gêner l'interaction avec la tubuline. En effet, il n'y a pas moins de 23 lysines réparties dans la séquence de la stathmine, ce qui laisse supposer non seulement des couplages hétérogènes, mais également une faible accessibilité globale de la tubuline aux sites de liaison de la stathmine (figure 41). De plus, les autres SLD de la famille de la stathmine possèdent également de nombreuses lysines et ces résidus ne sont pas répartis de la même manière d'un SLD à l'autre, ce qui compliquait l'analyse comparative de leurs propriétés d'interaction avec la tubuline.

L'objectif de ce travail a été de développer une nouvelle méthode de couplage afin d'obtenir un couplage unidirectionnel et stable de dérivés de stathmine. Pour ce faire, l'extrémité N-terminale de la stathmine a été fusionnée à une étiquette biotinylable (stathmine-biotine) afin d'immobiliser ce produit sur une surface préalablement recouverte de streptavidine. L'affinité de la biotine pour la streptavidine étant très forte, ce mode de couplage offre en effet l'avantage d'un couplage très stable. Diverses conditions expérimentales ont été testées afin d'optimiser ce mode de couplage par affinité[1]. Cette approche a conduit à améliorer considérablement les signaux RPS qui reflètent désormais beaucoup mieux la réalité des interactions. Au delà de l'utilité de cette nouvelle méthode pour mes propres travaux, cette technique est un outil potentiel pour d'autres études d'interactions de type protéine-analyte.

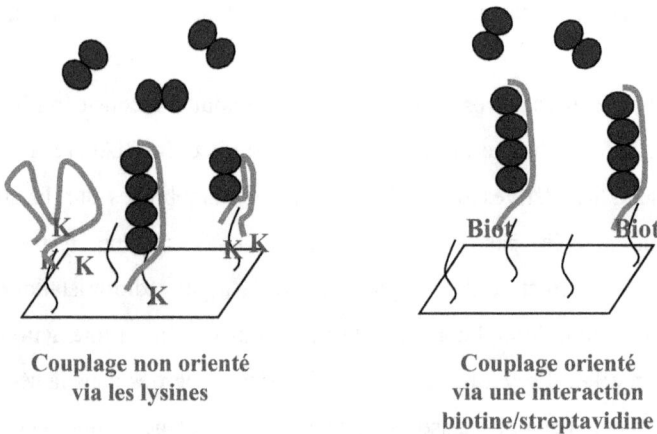

Couplage non orienté
via les lysines

Couplage orienté
via une interaction
biotine/streptavidine

Figure 41 : deux modes de couplage de la stathmine sur la surface du BIAcore. Rouge : stathmine. Bleu : hétérodimères de tubuline. A gauche: couplage sur la surface via les lysines (K). A droite: couplage de la stathmine sur une surface recouverte de streptavidine, par l'intermédiaire d'un peptide biotinylé (Biot) fusionné en N-terminal. Le couplage biotine permet une orientation unidirectionnelle et un accrochage stable de la stathmine.

---

[1] Couplage lysines = couplage direct ; couplage biotine = couplage par affinité.

II/ Matériel et Méthodes

Construction de l'ADN de stathmine-biotine

Le vecteur inductible pDW363, offert par Dave Waugh (Tsao et al, 1996), permet la synthèse de protéines biotinylées dans *E.coli* (figure 42). Il est conçu de sorte que la région N-terminale de protéines peut être fusionnée à un peptide qui est un substrat de biotinylation enzymatique (Beckett et al, 1999).

pDW363 contient le promoteur T7, qui contrôle l'initiation de la transcription. T7 est sous contrôle d'un promoteur lac, lui-même inductible par l'IPTG. Le plasmide contient également un gène de résistance à l'ampicilline pour la sélection.

Le gène malE a été retiré par digestion des sites de restriction XhoI et BamHI qui l'encadraient. A la place, a été insérée entre les sites XhoI et BamHI une courte séquence de pontage faite de deux oligonucléotides complémentaires appariés et contenant un site NcoI. L'ADNc de la stathmine humaine (Maucuer et al, 1990) et l'ADN codant pour la région des deux hélices de stathmine (S1-S2 = aa 44-138) ont ensuite été sous clonés entre les sites d'insertion NcoI et BamHI. Le peptide biotinylable est séparé du site NcoI par 15 nucléotides et est en phase avec l'ADNc de stathmine. Le site BamHI (ggATCC) est précédé d'un codon stop (TAA) qui, en plus de fermer le cadre de lecture de la stathmine-biotine, constitue avec le site BamHI un site de liaison ribosomal (AggA) nécessaire à la traduction de BirA, l'enzyme de biotinylation. BirA est donc transcrite de concert avec son substrat, un peptide qui est fusionné à la protéine d'intérêt. Les constructions sont vérifiées par séquençage (Genome Express, Meylan, France).

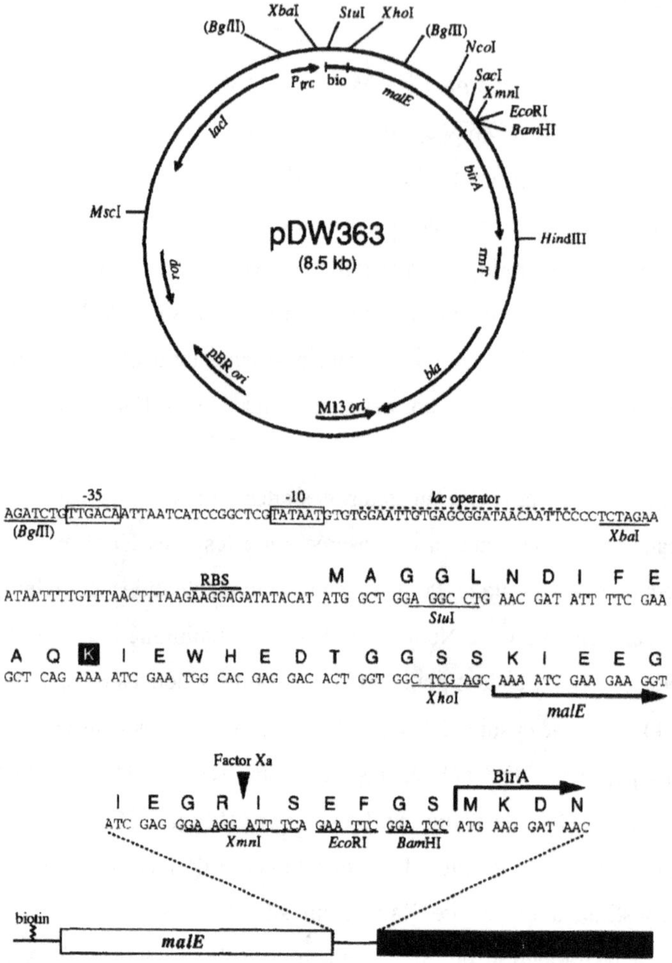

Figure 42 : Plasmide pDW363. En haut : représentation schématique montrant la position approximative des éléments génétiques. Au milieu : séquence nucléotidique comprenant la région du promoteur, le cadre de lecture du peptide biotinylable et le début du gène malE. La lysine qui est biotinylée par BirA est sur fond noir. En bas : séquence nucléotidique de la région située entre les cadres de lecture de malE et de BirA. (Tsao et al, 1996).

Expression et purification de la stathmine-biotine recombinante

La stathmine-biotine recombinante est exprimée dans la souche BL21(DE3) d'*E.coli* (Stratagene, La Jolla, CA). 400 ml de milieu de culture LB contenant 100 µg/ ml d'ampicilline sont ensemencés avec 1 ml d'une pré-culture réalisée à 37°C sur la nuit. 50 µM de biotine sont ajoutés afin que la biotinylation de la stathmine ne déprive pas le milieu de la biotine nécessaire à la survie des bactéries. L'induction de la production et le traitement des bactéries par sonication, ébullition et ultra-centrifugation qui permettent d'obtenir un « S2 bouilli », sont décrits dans l'article du Travail 2.

Une partie du « S2 bouilli » est purifiée comme décrit pour la stathmine sauvage (Curmi et al, 1994). En bref, le « S2 bouilli » est appliqué sur colonne Q-Sépharose FF échangeuse d'anions (Amersham Parmacia Biotech) pré-équilibrée avec un tampon Tris-HCl 20 mM ; EGTA 1 mM, pH 8 puis élué par un gradient de NaCl (de 0 à 500 mM). Les fractions contenant la protéine recombinante sont réunies, concentrées par ultrafiltration et appliquées sur une colonne pré-équilibrée de chromatographie d'exclusion (Superose 12 HR 10/30) dans un tampon PBS, EGTA 1mM. L'échantillon récolté et à nouveau concentré est appelé produit F.

En parallèle, un autre échantillon du « S2 bouilli » est purifié sur colonne d'avidine monomérique grâce à son groupement biotine. La résine de billes d'avidine monomérique est lavée dans du tampon PBS puis équilibrée avec un tampon A (HEPES 50 mM, NaCl 150 mM, pH=7,5). Le « S2 bouilli » est incubé avec les billes pendant 1h à 4°C. Les protéines non biotinylées sont éliminées par trois lavages avec du tampon A. La stathmine-biotine est éluée avec de la glycine-HCl 0,1M, pH=2 dont l'acidité est neutralisée tout de suite après l'élution par du tampon HEPES 1M, pH=7,5. L'éluât est appelé produit G.

Les trois produits de purification S2 bouilli, F et G sont enfin lavés de l'excès de biotine qui avait été mis dans le milieu de culture bactérien par quatre dialyses de 2h en PBS et au 1/1000. Leur expression et leur biotinylation sont vérifiées comme décrit dans la partie Résultats.

Le produit F qui est le plus purifié est dosé en acides aminés pour être utilisé comme référence dans tous les tests qui ne relèvent pas de la résonance plasmonique de surface.

Préparation de la tubuline

La tubuline est purifiée à partir de cerveau de bœuf par des cycles de polymérisation/ dépolymérisation, comme décrit dans le Travail 2 (Shelanski et al, 1973; Weingarten et al, 1975; Detrich and Williams, 1978).

Polymérisation in vitro de la tubuline

L'assemblage de la tubuline *in vitro* est suivi par mesure de la turbidité à 350 nm comme décrit dans le Travail 2 (Carlier and Pantaloni, 1978).

Chromatographie par filtration sur gel

Les profils d'élution de la tubuline seule ou complexée avec des dérivés de stathmine sont suivis par filtration sur gel comme décrit dans le Travail 2.

Résonance plasmonique de surface

Les expériences de résonance plasmonique de surface est réalisée sur le système BIAcore 2000. Les plaques CM5, F1 et SA ainsi que les tampons sont achetés chez BIAcore AB (Uppsala, Suède). Pour les couplages directs (par les résidus lysines), des surfaces CM5 et F1 sont utilisés qui portent respectivement des bras de dextran carboxylés longs (100 nm) et courts (40 nm). Dans les deux cas, les plaques sont lavées avec du tampon HBS (HEPES 10 mM ; NaCl 150 mM ; EDTA 3 mM ; surfactant TWEEN 20; pH 7,4) à un débit de 10 µl/min jusqu'à stabilisation du niveau de base du signal RPS (Résonance Plasmonique de Surface). Les quatre pistes de chaque plaque sont activées puis couplées successivement. Le couplage est réalisé en activant les groupements carboxyles du dextran par traitement avec les agents de pontage EDC et NHS (60 µl de chaque). Un échantillon contenant la protéine à coupler sans étiquette, est préparé dans un tampon Na-Acétate 10 mM, pH 5. 50 µl de protéine à 50 µg/ml sont injectés sur la piste activée. Pour saturer les groupements carboxyles restés libres, 70 µl d'éthanolamine 1 M sont injectés. La variation des signaux SPR (mesurés en unités de résonance) entre la fin et le début de la procédure de couplage correspond à la masse de protéine couplée sur la surface. Pour les couplages par affinité, sont utilisées des surfaces SA sur lesquelles la streptavidine est déjà pré-couplée au dextran. Elles sont lavées par 3 injections de 10 µl de tampon NaOH 50 mM, NaCl 1 M et les sites non spécifiques sont saturés par 3 injections de 10 µl de BSA à 10 mg/ml. L'échantillon contenant la protéine biotinylée à coupler est préparé dans du tampon HBS et est directement injecté sur la piste choisie. Quelque soit le couplage effectué, la première piste sert de référence.

Le tampon d'interaction (tampon AB : K-PIPES 80 mM ; EGTA 1 mM ; MgCl2 5 mM ; pH 6,8) est ensuite injecté sur les quatre pistes jusqu'à stabilisation du signal. Les sites non spécifiques d'interaction sont bloqués par 3 injections de 10 µl de BSA à 10 mg/ml. La tubuline est préparée dans le tampon AB et injectée en série sur les quatre pistes. Pour l'analyse de la dissociation de la tubuline, la surface est lavée en maintenant un flux continu de tampon.

Pour l'analyse, le signal de la piste de référence est soustrait. Différents paramètres sont testées: quantité de dérivés de stathmine immobilisés sur les différentes plaques, saturation de trois des quatre sites de la streptavidine avec de la biotine, concentrations diverses de tubuline injectées de manière aléatoire, flux auxquels la tubuline est injectée…

Pour la modélisation, le software BIAeval est utilisé pour évaluer la correspondance entre les signaux observés et des courbes théoriques.

III/ Résultats

Fonctionnalité des dérivés de stathmine possédant une étiquette biotinylée

Afin de vérifier que ni l'étiquette, ni la biotine, ni l'interaction biotine:streptavidine ne gênent l'interaction avec la tubuline (De Crescenzo et al, 2000; Peter et al, 2003), j'ai réalisé une série de tests de polymérisation *in vitro* de la tubuline. La figure 43 montre que la masse de microtubules formés à partir de 20 µM de tubuline n'est pas modifiée par la présence de 5 µM de biotine ni seule, ni en présence de 1,25 µM de streptavidine.

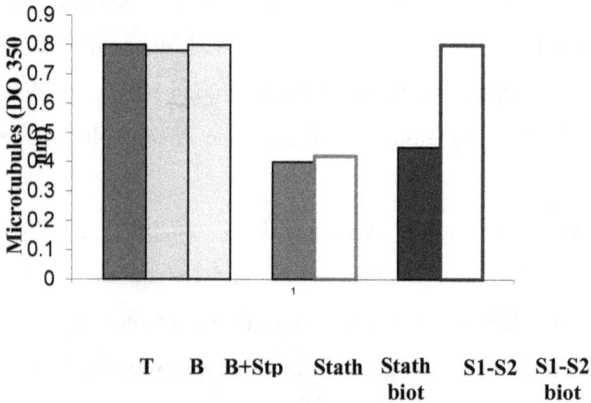

Figure 43 : Fonctionnalité des dérivés de stathmine-biotine testée par polymérisation *in vitro* de la tubuline. La tubuline (20 µM) a été mis à polymériser seule (T) ou en présence de 5 µM biotine (B), de 5 µM biotine (B) et de 1,25 µM streptavidine (B+Stp), de 5µM stathmine, sathmine-biotine, S1-S2 ou S1-S2-biotine.

De plus, la stathmine-biotine inhibe la polymérisation de la tubuline de la même manière que la stathmine sans étiquette, indiquant que l'étiquette n'empêche pas la séquestration de la tubuline. En revanche, contrairement au fragment S1-S2 qui inhibe la polymérisation comme décrit (Redeker et al, 2000), le fragment équivalent biotinylé n'a aucun effet sur la formation des microtubules. Lorsque testé par RPS, aucune interaction n'est d'ailleurs observable entre la tubuline et le fragment S1-S2-biot (non présenté). Il apparaît donc que l'étiquette n'est pas utilisable sur des dérivés de stathmine tronqués dans la région N-terminale, peut être à cause d'une gène stérique ou encore d'une déstructuration de l'hélice-α. C'est pourquoi la suite de cette étude sera focalisée sur la stathmine entière.

L'interaction tubuline:stathmine -biotine en résonance plasmonique de surface

J'ai ensuite comparé les signaux obtenus après injection de diverses concentrations de tubuline, sur une surface couplée directement avec de la stathmine et couplée par affinité avec de la stathmine-biotine. Dans les deux cas, c'est le produit F qui a été immobilisé (voir matériels et méthodes). La figure 44 montre que les deux types de couplage donnent des réponses très différentes.

Etant donné que le poids moléculaire de la stathmine[2] est de 20 kDa et que celui de deux hétérodimères de tubuline est de 200 kDa, la stoechiométrie T_2S est obtenue à saturation de la stathmine, lorsque le nombre de RU de tubuline liée est 10 fois supérieur à celui de la stathmine immobilisée. Selon les travaux antérieurs (Curmi et al, 1997), 2000 RU de stathmine sauvage ont été couplées sur plaque CM5. Mais au lieu d'obtenir une réponse de la tubuline à 20 000 RU, la réponse à saturation n'est que de 1200 RU (figure 44A). D'après cette approche, seulement 6 % des molécules de stathmine semblent fonctionnelles, chaque molécule de stathmine ne lie en moyenne que 0,1 molécules de tubuline. Au contraire, les 200 RU de stathmine-biotine qui ont été capturés sur une surface SA recouverte de streptavidine permettent de lier environ 1800 RU de tubuline (figure 44B). Dans ce cas, 90 % des molécules de stathmine sont fonctionnelles et on atteint un ratio molaire tubuline:stathmine d'environ 1,85. De plus, le couplage streptavidine permet d'observer des interactions avec de très faibles concentrations de tubuline descendant jusqu'à 0,1 µM (contre 1 µM

---

[2] Poids moléculaire de la stathmine sans étiquette = 17,2 KDa. Poids moléculaire de la stathmine-biotine = 19,9 KDa.

pour le couplage lysines), ce qui est généralement requis pour faire concorder un modèle avec les courbes expérimentales (figure 44 A et B).

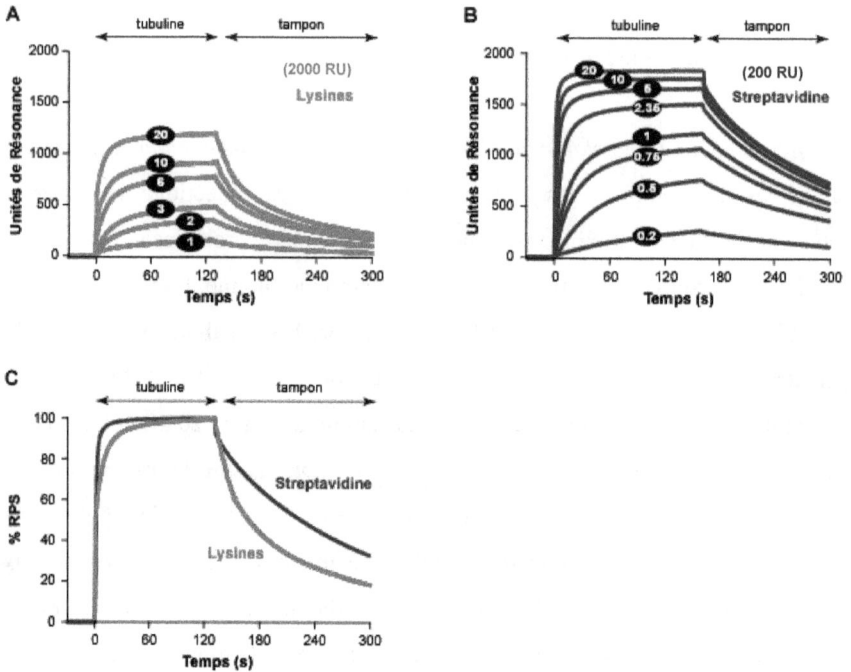

Figure 44 : comparaison des signaux du BIAcore lorsque la stathmine est couplée via ses lysines (A) ou par affinité sur une surface de streptavidine (B). La quantité de stathmine immobilisée dans chaque cas est indiquée en unités de RPS (RU). Les chiffres sur fond noir indiquent les concentrations de tubuline injectées. La superposition des signaux normaliés obtenus pour 5 µM tubuline souligne les différences de cinétiques (C).

Enfin, en comparant les signaux normalisés (100 % SPR = signal maximum atteint) on constate que les cinétiques d'interaction de la tubuline sont très différentes en fonction du mode de couplage de la stathmine, aussi bien au cours de l'association que de la dissociation (figure 44C).

Ce nouveau système de couplage permet donc d'aobtenir plus de molécules de stathmine fonctionnelles et d'observer des cinétiques exploitables à des concentrations de tubuline beaucoup plus faibles. L'ensemble de ces observations montre que la qualité des signaux a été considérablement optimisée par ce nouveau système de couplage, ce qui laisse penser que ces signaux reflètent beaucoup mieux la réalité des interactions.

Tentatives d'optimisation du couplage par affinité

Le fait d'observer une stœchiométrie T_2S constitue indéniablement un bon témoin de la bonne utilisation du BIAcore pour l'étude de l'interaction tubuline:stathmine. Si cette stoechiométrie a été approchée, elle n'a pas tout à fait été atteinte. C'est pourquoi, j'ai tenté d'affiner encore le système.

Afin de voir si le niveau de pureté, le niveau de biotinylation ou le mode de purification de la stathmine-biotine à coupler peuvent être des facteurs déterminants, trois purifications différentes ont été réalisées (voir matériels et méthodes). La figure 45 montre une même membrane hybridée successivement avec de la streptavidine HRP (Molecular Probes, Leiden, The Netherlands) et avec un anticorps dirigé contre la région C-terminale de la stathmine.

La stathmine est bien biotinylée puisqu'une même bande est reconnue aussi bien par la streptavidine-HRP que par l'anti-stathmine. Avec l'étiquette biotinylable, la masse moléculaire de la stathmine est de 19,9 kDa mais, comme la stathmine sauvage, elle migre sur gel à un poids moléculaire apparent supérieur à son poids moléculaire calculé. La piste sur laquelle a été déposée le « S2 bouilli » présente une autre protéine biotinylée. Cette protéine est vraissemblablement BCCP, une sous-unité de la carboxylase acetyl-CoA, qui est l'unique substrat bactérien de l'enzyme BirA. BCCP disparaît dans le produit F, ce qui semble logique dans la mesure où c'est grâce à sa partie stathmine que la stathmine-biotine y a été isolée. Curieusement et sans pouvoir donner d'explication à ce phénomène, BCCP disparaît également dans le produit G qui a été purifié par interaction de la biotine avec des billes d'avidine. Comme indiqué dans le tableau 2, le couplage d'un échantillon de « S2 bouilli » donne le plus mauvais ratio molaire tubuline:stathmine (1,53), probablement à cause de la contamination par BCCP-biotine qui fausse la quantification du nombre de RU de stathmine-biotine immobilisée. Peut-être grâce à la rapidité avec laquelle il est purifié, c'est le produit G qui lie le plus de tubuline. Cependant la stoechiométrie moyenne obtenue (1,85) reste très proche de celle déjà observée avec le produit F (1,8).

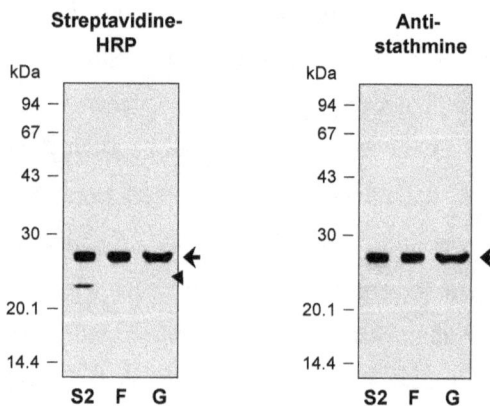

Figure 45 : Comparaison de la pureté et de la biotinylation des produits obtenus par trois purifications parallèles de la stathmine-biotine. A gauche : membrane hybridée avec de la streptavidine-HRP. A droite : même membrane hybridée avec un anticorps dirigé contre la stathmine. S2: S2 bouilli. F: produit obtenu après purification du S2 bouilli par échange d'ion et filtration sur gel. G: produit obtenu après purification du S2 bouilli sur billes d'avidine monomériques. Flèche : stathmine. Tête de flèche : BCCP biotinylée de la bactérie.

La limitation du transport de masse à travers l'épaisseur de la surface est un paramètre connu pour brouiller l'interprétation des signaux. Il peut être évité en diminuant le nombre de RU de ligand immobilisé et son influence peut-être mesurée en faisant varier le débit. En l'occurrence, 200, 50 et environ 8 RU de stathmine-biotine ont été immobilisées, mais aucune différence significative dans la stoechiométrie n'a été observée (tableau 2). Le mauvais résultat obtenu pour 8 RU peut simplement venir de la difficulté de mesurer avec précision un si petit nombre de RU. De même, ni les injections de tubuline réalisées à 5, 30 et 50 µl/min, ni l'utilisation d'une plaque F1 de BIAcore à dextran court, n'ont apporté une amélioration des signaux. Cela semble indiquer que le transport de masse n'influence pas les cinétiques de liaison observées.

Une autre limitation pourrait être liée à un éventuel encombrement stérique. La streptavidine comporte en effet 4 sites de liaison de la biotine et doit théoriquement lier 4 molécules de stathmine-biotine et 8 dimères de tubuline. Pour éliminer le risque d'encombrement stérique, j'ai saturé 3 des 4 sites de la streptavidine avec de la biotine libre. La quantité de streptavidine sur les surfaces SA étant inconnues, j'ai ensuite immobilisé ce matériel sur une plaque CM5 avant d'y coupler la stathmine-biotine. Là encore, aucune augmentation de la stoechiométrie n'a été observée (non présenté).

D'une manière générale, pour tenter d'éliminer le bruit de fond expérimental, les injections de tubuline étaient répétées et leur ordre était décidé au hasard, mais les résultats ont toujours été très reproductibles et n'évoluent jamais dans le sens d'une augmentation de la stoechiométrie observée.

En conclusion, les signaux optimum ont été obtenus avec de la stathmine-biotine non tronquée dans sa région N-terminale, purifiée sur colonne d'avidine monomérique et couplées à hauteur de 50 à 200 RU sur une surface de BIAcore SA.

Méthode de couplage	Méthode de Purification	Nombre de RU couplés	Flux	Ratio molaire tubuline:stathmine
Couplage direct (lysines)	FPLC	2000	30 µl/min	0,1
Affinité (streptavidine)	S2 Avidine glycine FPLC	200	30 µl/min	1,53 1,85 1,8
Affinité (streptavidine)	FPLC	8 50 200	30 µl/min	1,45 1,82 1,8
Affinité (streptavidine)	FPLC	200	5 µl/min 30 µl/min 50 µl/min	1,8

Tableau 2 : conditions testées pour optimiser le ratio molaire tubuline:stathmine. Ce ratio est calculé selon la formule :

Capacité de liaison = (RU observés à saturation/ RU couplés)/ (MW tubuline/ MW stathmine)

Tentatives de modélisation de l'interaction tubuline:stathmine

Les conditions optimales semblant être réunies pour observer les cinétiques d'interactions, j'ai cherché à modéliser ces courbes afin d'accéder aux constantes cinétiques. La connaissance de la stoechiométrie du complexe et de sa structure conduit à modéliser cette interaction selon le modèle présenté dans la figure 46. J'ai dans un premier temps testé ce modèle mais les constantes dérivées dépendaient fortement des conditions initiales comme la concentration de tubuline injectée, mettant en doute leur valeur. Il est alors apparu important de simplifier ce modèle.

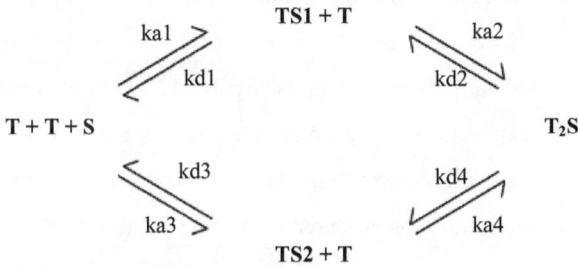

Figure 46 : représentation schématique du mécanisme moléculaire de formation du complexe T_2S. T: hétérodimère de tubuline. S : stathmine qui lie un premier dimère de tubuline de façon très instable via son site 1 (S1) ou son site 2 (S2). T_2S est le seul complexe stable.

A

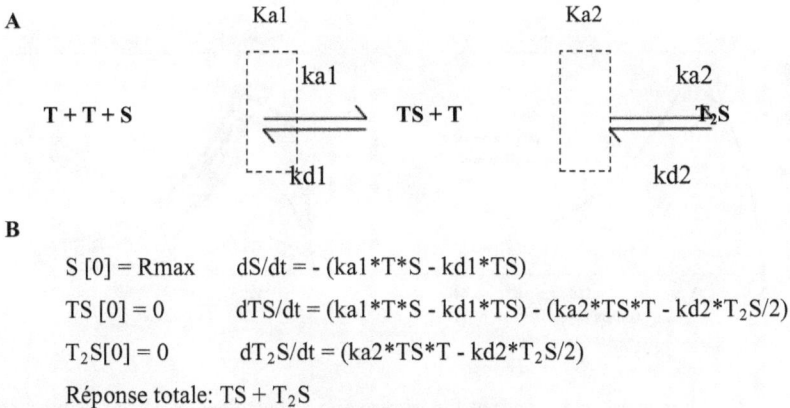

B

$S[0] = Rmax$ $dS/dt = -(ka1*T*S - kd1*TS)$

$TS[0] = 0$ $dTS/dt = (ka1*T*S - kd1*TS) - (ka2*TS*T - kd2*T_2S/2)$

$T_2S[0] = 0$ $dT_2S/dt = (ka2*TS*T - kd2*T_2S/2)$

Réponse totale: $TS + T_2S$

Figure 47 : représentation schématique du mécanisme moléculaire de formation du complexe T_2S (A) et équations du modèle « T_2S simplifié» (B). T: hétérodimère de tubuline. S : stathmine qui lie un premier dimère de tubuline mais de façon très instable. T_2S est le seul complexe stable.

J'ai donc délibérément ignoré un certain nombre d'autres paramètres, comme par exemple la différence entre les deux sites de liaison de la tubuline, et j'ai construit le modèle présenté dans la figure 47. L'alignement des courbes théoriques et expérimentales s'avère meilleurs qu'il n'a jamais été (non présenté) mais il reste imparfait. Lorsque le modèle est appliqué à une seule courbe expérimentale correspondant à une concentration de tubuline, l'alignement semble presque parfait (figure 48 et tableau 3) (Chi2 < 5). En outre, l'écart entre la courbe théorique et la courbe expérimentale est d'autant plus grand que la concentration de tubuline est augmentée. Cependant, pour être validé, ce modèle doit être appliqué à un ensemble de courbes correspondant à différentes concentrations de tubuline. Mais cet alignement global est visiblement très mauvais (Chi2 de l'ordre de 700). De fait, les constantes générées par le modèle ne sont pas utilisables (tableau 3).

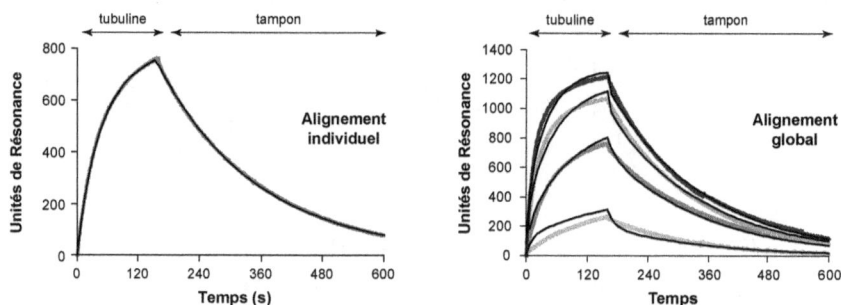

Figure 48 : Alignement des courbes théoriques (noir) calculées à partir du modèle « T_2S simplifié » présenté figure 47 et des courbes expérimentales (couleur) observées pour différentes concentrations de tubuline. Alignement individuel pour 0,5 µM tubuline (rouge). Alignement global pour 0,2 (bleu), 0,5 (rouge), 0,75 (orange) et 1 (violet) µM tubuline.

	Chi2	ka1 (1/ Ms)	kd1 (1/s)	ka2 (1/ Ms)	kd2 (1/s)	Ka1 (1/M)	Ka2 (1/M)
Individuel	5,5	3,3e-3	9,1e-3	1,5e+4	9,9e-3	3,7e+6	1,5e+6
Global	700	5,2e-4	7e-2	6e+4	1e-2	7e+5	6,3e+6

Tableau 3 : comparaison des constantes définies par le modèle « T_2S simplifié » selon que celui-ci a été appliqué sur une seule courbe expérimentale (ici 0,5 µM tubuline) ou sur un ensemble de courbes expérimentales (ici, 0,2, 0,5, 0,75 et 1 µM tubuline).

Les progrès réalisés dans l'utilisation du BIAcore pour l'étude de l'interaction tubuline:stathmine, ne permettent donc pas encore de modéliser l'interaction. Il se peut que nous ayons atteint les limites du système dont le biais majeur est d'avoir un des deux partenaires immobilisé. C'est pourquoi, les seules données quantitatives de ce travail de thèse sont données sous forme de temps apparent de demi-association et de demi-dissociation. Bien que beaucoup moins informatives ces valeurs sont sûrement beaucoup plus représentatitives de la réalité des interactions que les constantes d'affinités déterminées dans ces conditions.

Un gain de sensibilité

Malgré les difficultés rencontrées avec la modélisation, ce nouveau système de couplage permet néanmoins de révéler de faibles différences de comportement vis-à-vis de la tubuline, qui n'auraient pas pu être détectées par l'ancien système de couplage par les lysines, et qui ne ressortent pas par d'autres techniques.

Ainsi, j'ai testé l'effet de l'introduction de deux mutations ponctuelles dans la séquence de la stathmine (stathmine* mutée sur S38T et I87L), sur son interaction avec la tubuline en filtration sur gel et par résonance plasmonique de surface. En filtration sur gel, le mutant stathmine* déplace le pic de tubuline de 12,2 ml à 10,9 ml comme la stathmine sauvage, ce qui laisse penser que ces deux protéines se comporte de manière similaire vis-à-vis de la tubuline (figure 49A). En revanche, la résonance plasmonique de surface permet de constater que si l'association apparente de la tubuline à ces deux protéines a la même cinétique, la tubuline se dissocie plus rapidement du mutant de stathmine que de la stathmine sauvage (figure 49B).

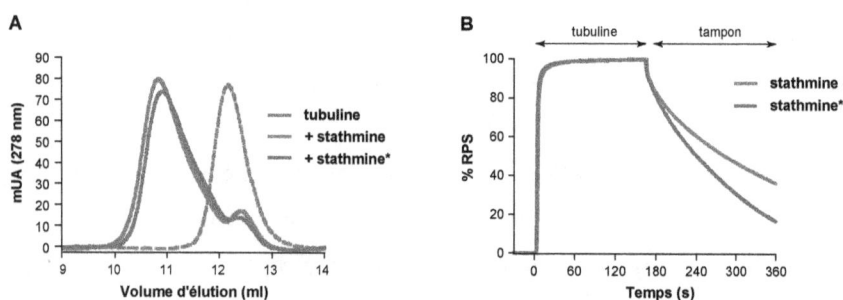

Figure 49 : le couplage par affinité permet de révéler en résonance plasmonique de surface une différence d'interaction avec la tubuline non distingable par filtration sur gel. A : filtration sur gel. 10 µM tubuline sont mis en présence de 10 µM de stathmine sauvage ou mutante (stathmine*). B : Signaux normalisés de BIAcore correspondant à une injection de 5 µM tubuline sur une surface couplée avec 150 RU de stathmine sauvage-biotine et de stathmine*-biotine.

IV/ Conclusions

J'ai développé un nouveau mode de couplage dans lequel la stathmine est fusionnée à une étiquette biotinylable et peut se fixer de manière unidirectionnelle et très stable sur un support streptavidine. J'ai mis en place les conditions expérimentales telles que le type de support à utiliser, la quantité de protéine à coupler sur ce support, la saturation des sites non spécifiques ou la durée d'injection de la tubuline. La préparation de la stathmine-biotine sur billes d'avidine monomérique s'avère être un moyen simple et rapide de la purifier. En plus de cet avantage pratique, cette approche a permis de considérablement optimiser la qualité des signaux qui reflètent désormais beaucoup mieux la réalité des interactions. Un des meilleurs témoins est que j'atteints pratiquement la stoechiométrie T_2S. De plus, la sensibilité a augmenté de façon significative puisque des différences entre deux protéines qui ne sont pas observables par d'autres techniques, ou par des mesures effectuées avec un couplage lysines, sont aujourd'hui visibles. Cette approche a d'ailleurs été très utile pour la comparaison, dans le Travail II, des propriétés d'interaction avec la tubuline de divers dérivés chimériques de SLD. Malgré l'ensemble des tentatives d'optimisation réalisées, les cinétiques expérimentales obtenues ne permettent pas encore de dériver un modèle réactionnel, très probablement à cause à la fois de la complexité de l'interaction tubuline:stathmine et de la technique SPR elle-même. Cependant l'amélioration des signaux constitue une avancée qui pourrait permettre d'atteindre ce but.

TRAVAIL II -
CARACTERISATION MOLECULAIRE DES INTERACTIONS
TUBULINE:SLD

A synergistic relationship between three regions of stathmin family proteins is required for the formation of a stable complex with tubulin.

I. Jourdain, S. Lachkar, E. Charbaut, B. Gigant, M. Knossow, A. Sobel, P.A. Curmi.

Biochem. J. **2004** 378(3):877-88.

La stathmine régule la dynamique des microtubules en séquestrant la tubuline dans un complexe formé de deux hétérodimères de tubuline par molécule de stathmine (complexe T_2S). Les autres protéines de la famille de la stathmine interagissent aussi avec la tubuline via leur domaine de type stathmine (SLD) pour former un complexe T_2-SLD, mais la stabilité des complexes formés varie beaucoup d'un SLD à l'autre (Charbaut et al, 2001). Une première étude de radio-cristallographie a permis de résoudre partiellement la structure d'un de ces complexes (Gigant et al, 2000), mais le mécanisme de ces interactions, leurs régulations et les raisons de cette diversité restaient mal décrits lorsque j'ai débuté ce travail. L'objectif était donc d'identifier des régions de SLD qui sont déterminantes pour leur interaction avec la tubuline et responsables de ces différences de stabilité des complexes qu'ils forment avec la tubuline.

Les SLD sont constitués de trois régions structurales: la région N-terminale[3] qui contient une région riche en prolines et les deux sites d'ancrage de la tubuline constitués d'une répétition interne hélicoïdale. J'ai étudié le rôle respectif de ces

---

[3] On considère ici que la région riche en proline fait partie de la région N-terminale.

régions sur la formation et la stabilité des complexes T_2-SLD formés avec la tubuline, et leur influence sur la spécificité des interactions tubuline:SLD. Pour ce faire, j'ai produit une série de fragments et de chimères de stathmine et de RB3$_{SLD}$ (figure 2 de l'article) et analysé leurs propriétés d'interaction avec la tubuline par des tests de polymérisation *in vitro* de la tubuline, chromatographie par filtration sur gel et résonance plasmonique de surface. Ce chapitre résume les principales conclusions de l'article 1 et décrit quelques données supplémentaires.

I/ Les deux sites ont un rôle particulier dans un environnement propre

Les deux sites d'ancrage lient chacun un hétérodimère α/β de tubuline. Je suis partie de l'hypothèse que chacun était centré sur une copie de la répétition interne présente dans les protéines de la famille de la stathmine (figure 1 de l'article) (Gigant et al, 2000). Pour savoir dans quelle mesure ces deux régions semblables jouent ou non un rôle équivalent dans la liaison à la tubuline, j'ai créé des chimères stathmine dans lesquelles chaque site a été dupliqué ou inversé avec l'autre (figure 2 de l'article). L'ensemble des tests d'interaction réalisés montre que ces chimères forment avec la tubuline des complexes très instables, signe que le remplacement d'un site par l'autre ne permet pas de conserver un comportement vis-à-vis de la tubuline similaire à celui de la stathmine (figure 4 de l'article). Chaque site semble donc avoir des fonctions particulières, peut-être liées à son environnement.

Afin de déterminer le rôle de chaque site dans la formation et la stabilité du complexe T_2S j'ai ensuite mis à profit l'existence de RB3$_{SLD}$ qui forme avec la tubuline des complexes très stables, et j'ai créé une série de fragments et de chimères de stathmine et de RB3$_{SLD}$.

II/ Contribution de chacun des deux sites d'ancrage de la tubuline dans la stabilité des complexes formés entre la tubuline et la stathmine ou RB3_{SLD}:

La comparaison des fragments S1-S2 et R1-R2 permet d'évaluer à la fois l'impacte d'une délétion de la région N-terminale et le rôle joué par la région des deux sites de liaison de la tubuline. Le test de polymérisation *in vitro* de la tubuline présenté figure 50A montre que ces fragments sont tous les deux capables de séquestrer deux hétérodimères de tubuline. On observe par chromatographie d'exclusion que les complexes formés entre la tubuline et S1-S2 ou R1-R2 sont beaucoup moins stables que ceux formés avec les SLD entiers dont ces fragments sont issus (figure 50B). Cela indique que la région N-terminale est impliquée dans la stabilisation des complexes. De plus, R1-R2 induit un plus grand déplacement du pic de tubuline que S1-S2, tout comme $RB3_{SLD}$ induit plus grand déplacement du pic de tubuline que la stathmine. Cela suggère que la région contenant uniquement les deux sites d'ancrage de la tubuline est responsable des différences générales observées entre stathmine et $RB3_{SLD}$.

Pour savoir si un des deux sites d'ancrage en particulier est responsable des différences de stabilité des complexes formés avec la stathmine et $RB3_{SLD}$, j'ai ensuite échangé le premier et le deuxième site d'ancrage de la stathmine par ceux de $RB3_{SLD}$ respectivement. Le remplacement du premier site de la stathmine par celui de $RB3_{SLD}$ ne modifie pas la stabilité du complexe qui reste identique à celle du complexe tubuline:stathmine. En revanche, l'échange du deuxième site de stathmine par celui de $RB3_{SLD}$ stabilise considérablement l'interaction avec la tubuline, d'une manière proche de celle de $RB3_{SLD}$ (figure 6 de l'article). Ces résultats indiquent que le deuxième site est un élément stabilisateur du complexe qui explique en grande partie les différentes propriétés d'interaction avec la tubuline, de la stathmine et de $RB3_{SLD}$.

Cette différence est surprenante car la comparaison des séquences primaires de ce site entre stathmine et $RB3_{SLD}$ révèle jusqu'à 90 % d'homologie (figure 51A) et je m'attendais à ce que de si faibles différences de séquence primaire n'aient que peu d'influence sur la stabilité. Il est donc tentant de penser que seuls quelques acides aminés sont critiques pour moduler l'interaction avec la tubuline.

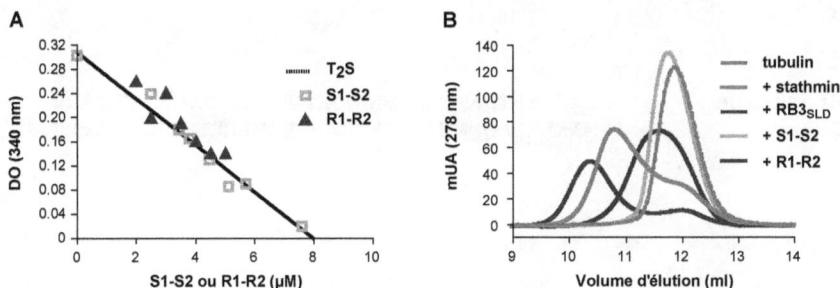

Figure 50 : Comparaison des propriétés d'interaction avec la tubuline de la région de stathmine (S1-S2) et de $RB3_{SLD}$ (R1-R2) correspondant aux deux sites d'ancrage. A) 20µM tubuline ont été mis à polymériser en présence d'une gamme de concentrations de S1-S2 ou de R1-R2. Les valeurs au plateau obtenues pour S1-S2 et R1-R2 se répartissent autour de la droite qui serait obtenue si une protéine séquestrait deux hétérodimères de tubuline. B) La stabilité de ces complexes a été testée par filtration sur gel. 5µM de chaque dérivé de SLD ont été mis en présence de 10 µM tubuline et chargé sur une colonne Superose 12. R1-R2 forme avec la tubuline un complexe plus stable que S1-S2. S1-S2 et R1-R2 semblent perdre de la stabilité par rapport à la stathmine et à $RB3_{SLD}$ respectivement.

Comme montré au laboratoire par Elodie Charbaut, parmi les SLD de la famille de la stathmine, $RB3_{SLD}$ présente les cinétiques de liaison à la tubuline les plus éloignées de celles de la stathmine et $SCLIP_{SLD}$ les plus proches. Trois résidus seulement du 2ème site sont identiques chez la stathmine et SCLIP et différents chez RB3 et SCG10 (figure 51B). Partant du principe que les divergences de liaison à la tubuline proviennent de divergences de séquences dans le $2^{\text{ème}}$ site, j'ai muté l'arginine 124 de la stathmine en glutamine (R124Q) car c'est le résidu qui lui correspond chez RB3$_{\text{SLD}}$[4]. Mais au lieu d'adopter un comportement de type RB3$_{\text{SLD}}$ en filtration sur gel, R124Q lie la tubuline de façon encore moins stable que la stathmine (figure 52).

```
A                94        100              110              120
133
                 I         I           I              I                  I
Stathmine        SKMAEEKLTHKMEANKENREAQMAAKLERLREKDKHIEEV
RB3              IKMAKEKLAQKMESNKENREAHLAAMLERLQEKDKHAEEV


B                94        100              110              120   124
           133
                 I         I           I              I   I              I
Stathmine        SKMAEEKLTHKMEANKENREAQMAAKLERLREKDKHIEEV
RB3              IKMAKEKLAQKMESNKENREAHLAAMLERLQEKDKHAEEV
SCG10            SKMAEEKLILKMEQIKENREANLAAIIERLQEKERHAAEV
SCLIP            SRQAEEKLNYKMELSKEIREAHLAALRERLREKELHAAEV
```

Figure 51 : comparaison des séquences des sites 2 des SLD humains de la famille de la stathmine. A) La stathmine et RB3$_{\text{SLD}}$ présentent 75 % d'identités (fond bleu) et 90 % d'homologie de séquence. B) Mise en évidence des différences de séquences entre les sites 2 des protéines de la famille de la stathmine. Fond jaune : au moins 1 résidu différent. Caractère rouge: résidus identiques chez la stathmine et SCLIP et différents chez RB3 et SCG10.

---

[4] Le résidu 124 de RB3$_{\text{SLD}}$ pointe vers la tubuline, comme montré dans le Travail III.

Figure 52 : le mutant R124Q de
stathmine forme un complexe avec
la tubuline moins stable que la
stathmine, en filtration sur gel.

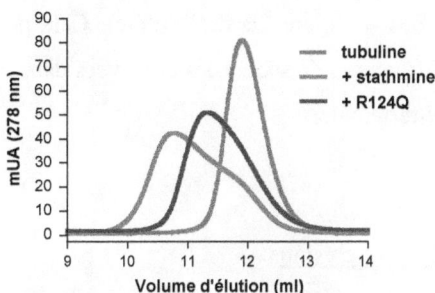

III/ Influence de la région N-terminale sur la stabilité des complexes T_2-SLD

Les expériences citées en II/ ont aussi montré qu'une délétion de la région N-terminale provoque une perte de stabilité des complexes formés avec la tubuline (figure 50B). Si les profils de filtration sur gel ne sont pas le résultat d'une réduction du rayon de Stokes des fragments par rapport aux SLD, cela pourrait indiquer que contrairement à ce qui avait déjà été suggéré (Segerman et al, 2003), la région N-terminale est un des acteurs du processus de séquestration.
Pour analyser plus précisément le rôle de cette région, j'ai interverti les régions N-terminales de stathmine et de RB3 dans les séquences respectives de RB3$_{SLD}$ et de stathmine. Si la chimère RN-S1-S2 se comporte comme la stathmine vis-à-vis de la tubuline, la chimère SN-R1-R2 forme avec la tubuline un complexe plus stable que RB3$_{SLD}$ (tableau 2 et figure 7A de l'article). Ces données montrent que la région N-terminale de la stathmine et celle de RB3$_{SLD}$ n'ont pas la même influence sur le complexe T_2S et *a fortiori*, que cette région joue un rôle dans la séquestration de la tubuline. Ces résultats ont été confirmés par l'utilisation des fragments de stathmine et de RB3$_{SLD}$ correspondant à la région N-terminale + premier site. J'ai observé que le fragment de stathmine a une meilleure affinité pour la tubuline que le fragment de RB3$_{SLD}$, mais que le complexe formé est beaucoup moins stable que celui formé avec le fragment de

RB3$_{SLD}$ (figure 7B de l'article). Cela pourrait s'expliquer par les importantes différences de séquences observées dans la région riche en prolines de la région N-terminale.

IV/ Conclusions

Ces résultats indiquent que la région N-terminale, le site 1 et le site 2 du SLD jouent des rôles distincts mais complémentaires dans la formation et la stabilité du complexe T$_2$S. Ainsi, le site 1 et la région N-terminale semblent fonctionner en synergie pour permettre la fixation d'un premier hétérodimère de tubuline. La liaison d'un deuxième hétérodimère de tubuline sur le site 2 semble dépendante de l'intégrité de la région N-terminale + site 1, mais permet en retour de stabiliser l'ensemble du complexe. Dans l'ensemble, ces observations sont en accord avec un modèle de coopérativité positive.

Par ailleurs, j'ai montré que la région N-terminale et le deuxième site sont responsables des différentes propriétés d'interaction avec la tubuline de la stathmine et de RB3$_{SLD}$. En fait, l'influence relative de ces deux régions ne semble pas être la même chez la stathmine et chez RB3$_{SLD}$. Cela suggère que les interactions de la stathmine et de RB3 avec la tubuline sont régulées de manières différentes, notamment par phosphorylation, une hypothèse appuyée par la faible conservation des sites de phosphorylation entre la stathmine et RB3.

TRAVAIL III –
INTERFERENCES AVEC L'INTERACTION TUBULINE:SLD

N-terminal stathmin-like peptides bind tubulin and impede microtubule assembly

Clément MJ[*], Jourdain I[*], Lachkar S, Savarin P, Gigant B, Knossow M, Toma F, Sobel A, Curmi PA.

Biochemistry. **2005** 44(44):14616-25. (* contributed equally).

Nous avons vu dans l'introduction que les microtubules sont des constituants majeurs du cytosquelette qui adoptent une organisation spatiale adaptée aux besoins de la cellule, grâce à leur capacité de polymérisation et de dépolymérisation extrêmement dynamique. Notamment, au cours de la division cellulaire, les microtubules forment le fuseau mitotique qui permet la ségrégation des chromosomes et détermine le plan de clivage de la cellule. Tout facteur régulateur de la dynamique des microtubules, est d'un intérêt certain pour la compréhension du contrôle normal de la prolifération cellulaire et de ses dérèglements pathologiques éventuels. De plus, le contrôle la dynamique des microtubules est une cible de choix pour les thérapies anticancéreuses. Ainsi, de part leur action sur les microtubules, les protéines de la famille de la stathmine constituent un support pour le développement d'anti-mitotiques potentiels. Nous avons vu que toute altération du niveau d'expression de la stathmine perturbe le déroulement du cycle cellulaire. En théorie, il suffirait donc d'approvisionner les cellules en stathmine ou de bloquer son interaction avec la tubuline pour traiter le cancer. Cependant, d'un point de vue pharmacologique, seules de petites molécules peuvent pénétrer dans les cellules.

L'objectif de ce travail est donc de rechercher des peptides issus de SLD capables d'entrer en compétition avec l'interaction tubuline:SLD ou de la mimer. Pour ce faire, j'ai testé l'effet sur la polymérisation des microtubules *in vitro*, de peptides générés par protéolyse ménagée de SLD et de peptides synthétiques.

I/ Recherche de peptides actifs issus de la région des deux sites d'ancrage de la tubuline

La protéolyse ménagée est apparue comme le meilleur moyen de générer une grande variété de peptides correspondant à différentes régions du SLD. De façon non négligeable, c'est également un procédé moins onéreux que l'utilisation de peptides synthétiques. J'ai donc généré des peptides à partir de la région des deux sites d'ancrage de RB3$_{SLD}$ (R1-R2), mais pas de sa région N-terminale[5,6]. Nous avons choisi de cliver R1-R2 par l'endoprotéinase Lys-C car ce fragment contient 15 lysines qui sont assez bien réparties dans toute sa séquence (figure 53).

La mise au point des conditions expérimentales a consisté à définir les quantités d'enzyme et les temps de digestion nécessaires pour obtenir des peptides d'une 20^{aine} de résidus en moyenne. Les produits de digestion étaient grossièrement séparés par filtration sur gel, puis plus finement par HPLC. Les pics d'élution de la colonne de HPLC étaient récoltés et leur contenu en peptides analysés par MALDI-TOF par Virginie Redeker (ESPCI, Paris). J'ai ainsi déterminé qu'une digestion de R1-R2 par Lys-C au 1/4000 pendant 1 h à 37° me permettait

---

[5] En effet, lorsque j'ai débuté ma thèse en 2000, on ne savait pas encore que la région N-terminale jouait un rôle dans la séquestration et dans la mesure où sa délétion n'empêchait pas la formation du complexe T$_2$S, sa participation dans ce processus semblait même minime.

[6] Nous avons choisi RB3SLD car c'est le SLD de la famille de la stathmine qui se lie le mieux à la tubuline.

d'obtenir un bon échantillonnage de peptides, et ce, de manière reproductible (figure 54).

```
46    52/53       62        70   75      85            95 98
SLEEIQKKLEAAEERRKYQEAELLKHLAEKREHEREVIQKAIEENNNFIKMAK


100 104  109                    126/128    135  138
EKLAQKMESNKENREAHLAAMLERLQEKDKHAEEVRKNKE
```

Figure 53 : sites de clivage de l'endoprotéinase Lys-C sur le fragment R1-R2. La numérotation indiquée est celle de la stathmine.

Afin d'obtenir des quantités finales de peptides suffisantes pour être testées sur la tubuline, 20 mg de R1-R2 ont ensuite été digérés et 7 fractions ont été récoltées (F1-7). Les surfaces des pics de HPLC ont permis d'évaluer la masse peptidique de chaque fraction, afin d'ajuster les concentrations massiques après lyophilisation.

Environ 250 µM de chaque fraction ont été mis en présence de 2,5 µM de S1-S2 recombinant et en présence de 20 µM de tubuline en conditions de polymérisation. La figure 55 montre que l'effet de S1-S2 sur l'inhibition de la polymérisation de la tubuline ne semble pas être inhibé par les fractions F2, F3 et F4. Les fractions F6 et F7 inhibant la polymérisation de la tubuline, leur effet s'ajoute à celui de S1-S2 plutôt qu'il ne le supprime. Cela semble logique étant donné qu'elles contiennent des peptides de grande taille. Les peptides de F5 inhibent aussi la polymérisation mais semblent contrecarrer l'effet de S1-S2. Enfin, il se pourrait que la fraction F1 entre en compétition avec S1-S2 car il modifie l'inhibition de la polymérisation par S1-S2 alors qu'il n'a pas d'effet lorsqu'il est seul.

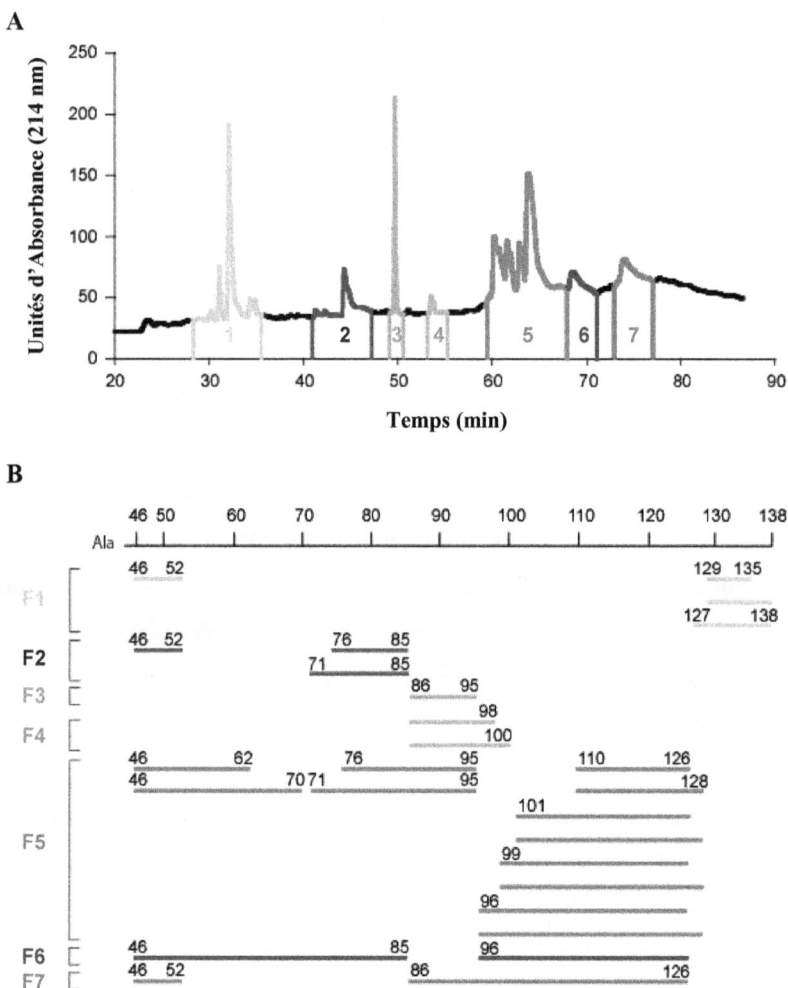

Figure 54 : Description des peptides générés par protéolyse ménagée. 40 µg de R1-R2 ont été digérés dans un volume final de 20 µL par Lys-C au 1/4000, pendant 1 h et à 37°C. A) Profil d'élution par HPLC des produits de digestions préalablement pré-séparés par FPLC. B) Représentation schématique des séquences des fragments élués sous chaque pic et déterminées par   MALDI-TOF. La numérotation des résidus est celle de la stathmine.

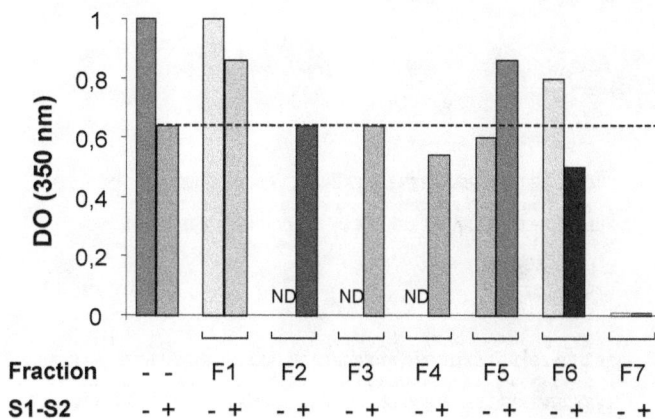

Figure 55 : Test d'inhibition de l'interaction tubuline:S1-S2, par des peptides issus de R1-R2. 20 µM de tubuline ont été mis à polymériser en présence de 2,5 µM de S1-S2 et d'environ 250 µM de chacune des sept fractions peptidiques. Afin de s'assurer que les fractions n'ont pas à elles seules un effet inhibiteur de la polymérisation, elles ont aussi été testées en l'absence de S1-S2 quand cela a été possible. L'effet de S1-S2 seul sur la polymérisation est indiqué par le trait en pointillés.

Il est à noter que cette purification est longue et laborieuse, que les quantités finales de fractions n'ont été que très approximativement estimées et qu'elles étaient suffisamment peu importantes pour permettre de ne réaliser qu'une à deux expériences de polymérisation *in vitro* de la tubuline. Ces données sont donc à considérer avec précaution.

Afin de vérifier que des peptides contenus dans F1 et F5 entrent en compétition avec S1-S2, j'ai ensuite utilisé des peptides synthétiques qui sont plus purs, mieux dosés et testables plusieurs fois. Certains de ces peptides sont dérivés de la stathmine et d'autres de RB3$_{SLD}$, car j'ai pensé que comme les deux SLD, les peptides pourraient avoir des propriétés différentes d'interaction avec la tubuline (figure 56A).

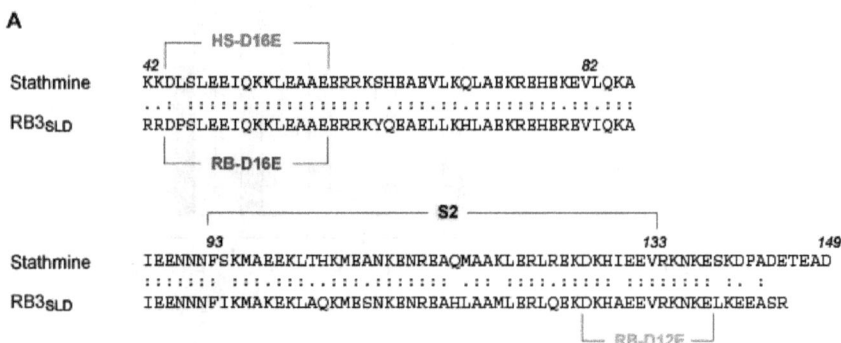

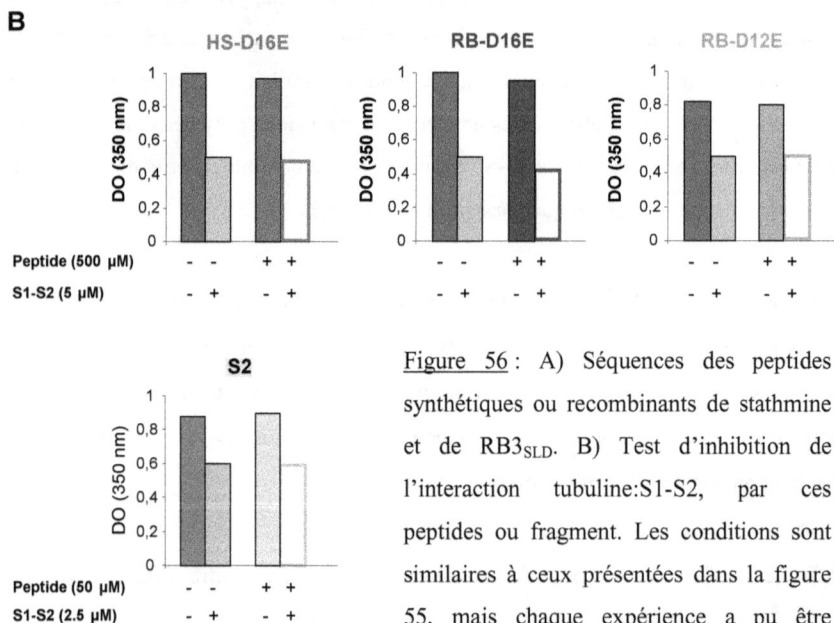

Figure 56 : A) Séquences des peptides synthétiques ou recombinants de stathmine et de RB3$_{SLD}$. B) Test d'inhibition de l'interaction tubuline:S1-S2, par ces peptides ou fragment. Les conditions sont similaires à ceux présentées dans la figure 55, mais chaque expérience a pu être reproduite au moins deux fois.

Les peptides HS-D16E, RB-D16E sont des peptides de la région 44-58 du SLD qui correspondent à des peptides contenus à la fois dans F1 et dans F5. Le peptide RB-D12E recouvre la région 127-138 et correspond à des peptides de F1. Enfin, le fragment recombinant S2 (93-133) a été utilisé en remplacement de plusieurs peptides de F5. La figure 56B montre qu'aucun de ces peptides ou fragment recombinant ne permet de retrouver une tendance à entrer en compétition avec l'interaction tubuline:S1-S2.

De la même manière, j'ai testé la capacité des fragments recombinants S2 et R2 à inhiber la polymérisation *in vitro* de la tubuline, car ils recouvrent également des peptides de F6 et de F7. S2 et R2 apparaissent incapables d'inhiber la polymérisation de la tubuline *in vitro* (figure 56B et 62 respectivement), soit parce qu'ils sont incorporés au microtubule avec la tubuline, soit parce qu'ils ne sont pas précédés d'un site 1 et qu'ils ne peuvent subir de modifications conformationnelles liées à une coopérativité de l'interaction avec la tubuline.

L'ensemble des données obtenues à partir de peptides synthétiques ou de fragments recombinants infirme donc les résultats obtenus à partir des peptides générés par protéolyse ménagée.

II/ Recherche de peptides actifs issus de la région N-terminale des SLD

A/ Découverte de peptides inhibant la polymérisation de la tubuline

Selon les conclusions du Travail II, la région N-terminale des SLD est impliquée dans le processus de séquestration de la tubuline. Le Travail présenté en annexe a apporté les données structurales permettant de comprendre cette observation. Il a en plus permis de positionner cette région au niveau des contacts longitudinaux de la tubuline. Ainsi un peptide N-terminal pourrait empêcher à lui seul la polymérisation de la tubuline.

RB3-SLD

V P E F N - - -
G
D
F
S 28
P
4 A   P
D   P K
M   L 24
E   I
V   V
I   E
E   F
L   S
N   Q
K   G
C
15 T   S 16

TUBULINE α1

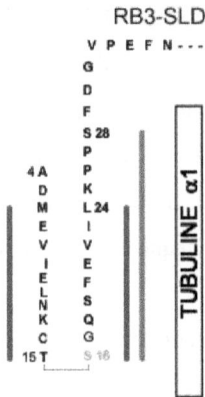

Figure   57 :   Représentation schématique de l'interaction entre la tubuline et la région N-terminale de RB3$_{SLD}$. Les peptides « β-t-β » (bordeaux) couvrent la séquence homologue à la région 6-24 de RB3$_{SLD}$ qui présente une organisation en feuillets-β anti-parallèles. Les peptides « β » (bleu) correspondent à la région 16-28 de RB3$_{SLD}$.

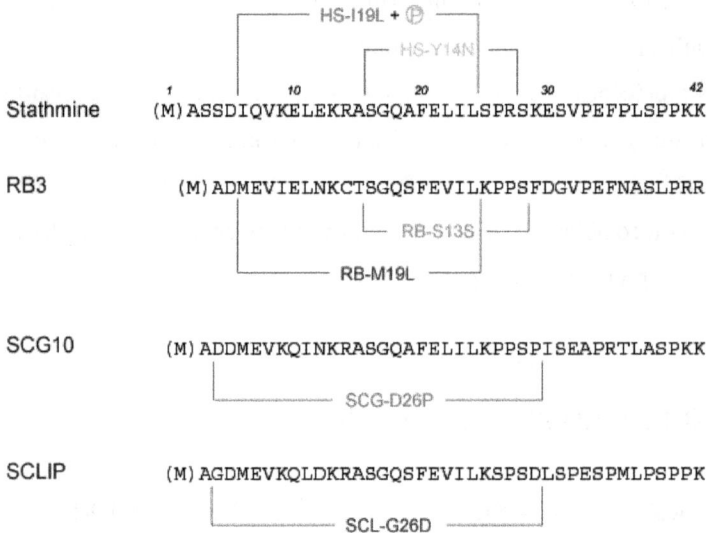

HS-I19L + Ⓟ

HS-Y14N

| 1   10   20   30   42
Stathmine   (M)ASSDIQVKELEKRASGQAFELILSPRSKESVPEFPLSPPKK

RB3   (M)ADMEVIELNKCTSGQSFEVILKPPSFDGVPEFNASLPRR

RB-S13S

RB-M19L

SCG10   (M)ADDMEVKQINKRASGQAFELILKPPSPISEAPRTLASPKK

SCG-D26P

SCLIP   (M)AGDMEVKQLDKRASGQSFEVILKSPSDLSPESPMLPSPPK

SCL-G26D

Figure 58 : Peptides issus de la région N-terminale de SLD utilisés dans cette étude. Les peptides sont nommés comme suit : origine du SLD – premier résidu/ nombre de résidus/ dernier résidu. HS-I19L, RB-M19L et SCG-D26P et SCL-G26D sont des peptides β-t-β équivalents. HS-Y14N et RB-S13S sont des peptides β. HS-I19L-P correspond au peptide HS-I19L avec un groupement phosphate porté par la sérine 16. La numérotation des résidus est celle de la stathmine.

L'effet direct sur la polymérisation de la tubuline de plusieurs peptides N-terminaux issus de divers SLD de la famille de la stathmine, a donc été testé *in vitro*. Les peptides utilisés dans cette étude sont décrits dans la figure 58.

Les expériences présentées dans la figure 59 apportent deux informations : Premièrement, contrairement aux peptides issus de la région des deux sites que j'ai testés, les peptides issus de la région N-terminale sont capables d'inhiber la polymérisation de la tubuline.

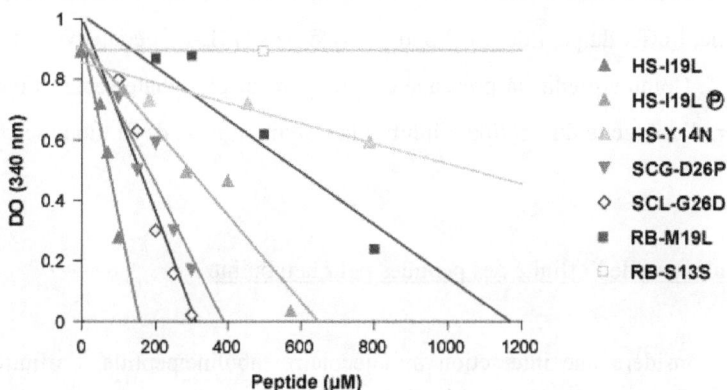

Figure 59 : Effet des peptides issus de la région N-terminale des SLD sur la polymérisation *in vitro* de la tubuline. 20 μM tubuline ont été mis en présence de concentrations croissantes de peptide. Les valeurs au plateau sont reportées en fonction de la concentration des peptides.

On observe ensuite que leur efficacité varie selon le SLD dont ils sont issus et selon la structure sur laquelle ils sont centrés (un ou deux feuillets β). Ainsi, parmi les peptides β-t-β, celui qui inhibe le mieux la polymérisation est le peptide de stathmine (HS-I19L). Les peptides de SCG10 et de SCLIP (SCG-D26P et SCL-G26D) ont presque deux fois moins d'effet et se comportent de manière similaire. Le peptide de RB3 (RB-M19L) est en revanche beaucoup moins efficace, ce qui est cohérent avec les conclusions du Travail II.

Les peptides β quant à eux, ont moins d'effet que les peptides β-t-β sur la polymérisation de la tubuline. Mais alors que le peptide β de stathmine (HS-Y14N) est toujours capable d'inhiber l'assemblage des microtubules, le peptide équivalent de RB3$_{SLD}$ (RB-S13S) ne l'est plus du tout.

Enfin, les données cristallographiques sur RB3$_{SLD}$ montrent que la sérine 16 se trouve dans le coude reliant les deux feuillets β. La phosphorylation de cette sérine dans la stathmine sauvage s'accompagnant d'une baisse d'affinité pour la tubuline, l'effet du peptide β-t-β phosphorylé (HS-I19L-P) a également été testé *in vitro*. Comme prédit, la présence du groupement phosphate réduit d'environ un tiers l'efficacité du peptide à inhiber la polymérisation de la tubuline (figure 59).

B/ Evaluation de l'affinité des peptides pour la tubuline

Si on considère une interaction bimoléculaire tubuline:peptide, l'affinité des peptides pour la tubuline est déterminée de la façon suivante:

Soient :

P_t, concentration totale de peptide
P_{libre}, concentration de peptide libre
PT, concentration de complexe peptide:tubuline
T_t, concentration totale de tubuline
Cc, concentration critique
T_{MT}, concentration de tubuline polymérisée

$T_t = Cc + T_{MT} + PT$

$P_t = P_{libre} + PT$

$K_D = P_{libre} \times Cc / PT = (P_t - PT) \times Cc / PT$

Cc est mesurée expérimentalement et PT est calculé à partir du déplacement de la courbe de concentration critique.

Le tableau 4 indique la valeur des K_D obtenus pour différents peptides. Ces valeurs montrent que HS-I19L a la meilleure affinité pour la tubuline, que sa phosphorylation réduit son affinité d'un facteur quatre et que RB-M19L est environ 8 fois moins affin que lui.

Peptide	SCG-D26P	SCL-G26D	RB-M19L	HS-I19L-P	HS-I19L
K_D (µM)	34	31	112	54	14

Tableau 4: K_D des principaux peptides testés dans ce travail.

C/ Potentialisation de l'effet du peptide HS-I19L

Nous avons vu dans le Travail II, que la stathmine lie coopérativement deux hétérodimères de tubuline. Ce processus pourrait impliquer une ré-organisation structurale progressive de régions de la stathmine. De plus, la tubuline peut subir des modifications locales et globales sous l'influence de facteurs extérieurs, comme par exemple le GDP (Travail Annexe).

J'ai émis l'hypothèse que la formation du complexe T_2S passe aussi par des mouvements en cascades de structures de la tubuline, induites par une ou plusieurs régions de la stathmine, et conduisant à une meilleure interaction avec des régions identiques ou différentes de la stathmine. Selon cette hypothèse, la stathmine favoriserait donc la liaison de certaines de ses régions avec la tubuline, en modifiant ses propres structures secondaires et tertiaires directement et à distance (effet externe) et en modifiant des structures de la tubuline ce qui favoriserait à la fois la structuration et la liaison de la stathmine (effet interne) (figure 60).

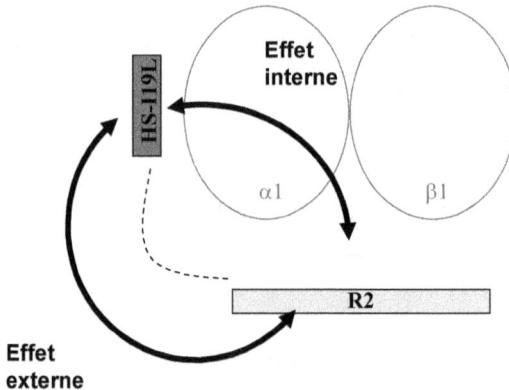

Figure 60 : hypothèse selon laquelle la région N-terminale du SLD pourrait favoriser l'interaction de la tubuline avec un site d'ancrage de SLD. L'effet externe passerait par des modifications conformationnelles de la stathmine par elle-même. L'effet interne serait induit par la stathmine, se propagerait dans les structures internes de la tubuline favorisant l'interaction avec le reste de la stathmine et modifiant sa structure simultanément ou successivement.

J'ai ainsi testé l'influence que peut avoir l'interaction de la région N-terminale avec un hétérodimère de tubuline, sur la liaison d'un site de SLD avec ce même hétérodimère. Pour se débarrasser de l'effet externe, la région N-terminale et le site du SLD ne devaient pas être physiquement connectés. J'ai choisi le peptide HS-I19L comme région N-terminale et le site 2 de $RB3_{SLD}$ (R2) comme site d'ancrage de la tubuline, car selon les conclusions du Travail II, ce sont les plus à même d'interagir avec la tubuline dans ces conditions expérimentales particulières.

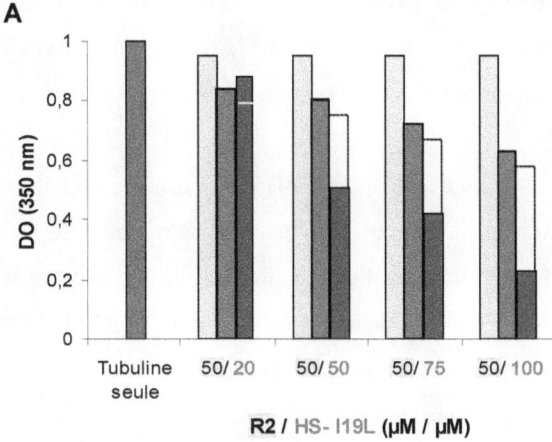

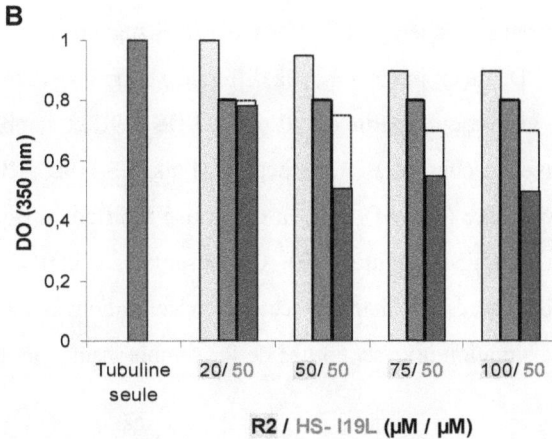

Figure 61 : Tests de polymérisation *in vitro* de la tubuline. A) La tubuline est mise en présence d'une concentration fixe (50 µM) de R2 et de concentrations variables de HS-I19L, individuellement et simultanément. B) La tubuline est mise en présence d'une concentration fixe (50 µM) de HS-I19L et de concentrations variables de R2, individuellement et simultanément.

L'histogramme présenté figure 61 indique les valeurs au plateau obtenues lorsque 20 µM tubuline sont mis à polymériser seuls ou en présence de différentes combinaisons de dérivés de SLD. Le fragment R2 seul n'a pas d'effet significatif sur la polymérisation de la tubuline à 50 µM (figure 61A), et à plus forte concentration son effet est très limité (figure 61B).

Comme décrit ci-dessus, le peptide HS-I19L est capable d'inhiber par lui-même la polymérisation de la tubuline, de manière dépendante de sa concentration (figure 61A). En additionnant l'effet individuel de R2 et celui de HS-I19L on obtient un « effet théorique » pour chaque ratio molaire R2 / HS-I19L.
R2 a d'abord été maintenu à une concentration fixe de 50 µM et HS-I19L a été utilisé à différentes concentrations (20, 50, 75 et 100 µM) (figure 61A). La tubuline a été mise en présence de HS-I19L et de R2, simultanément. L'effet observé est clairement supérieur à l'effet théorique, suggérant qu'il y a bien eu potentialisation. De façon intéressante, la différence entre les effets théoriques et observés n'est visible qu'à partir de 50 µM de HS-I19L et semble augmenter sensiblement avec la concentration du peptide. Puis, HS-I19L a été maintenu à une concentration fixe (50 µM) et R2 a été utilisé à différentes concentrations (20, 50, 75 et 100 µM) (figure 61B). Curieusement, l'écart entre les effets observé et théorique reste inchangé avec des concentrations croissantes de R2. Comme dans la situation inverse, 50 µM de R2 semble insuffisant pour créer cet écart.

Ces résultats ne sont encore que préliminaires et nécessitent d'être confirmés et approfondis. Par ailleurs, il serait intéressant d'un point de vue mécanistique, d'étudier d'autres régions N-terminales et d'autres sites d'ancrages. Malgré tout, ces premiers résultats semblent indiquer que la région N-terminale du SLD et un site d'ancrage au même dimère de tubuline coopèrent[7] à distance pour séquestrer la tubuline. Ce phénomène semble directement dépendant de la concentration du peptide HS-I19L.

En revanche, aux concentrations testées, R2 semble avoir un effet tout ou rien, dont le seuil d'efficacité serait situé entre 20 et 50 µM. Il est encore impossible de déterminer si c'est R2 qui potentialise l'effet de HS-I19L ou si c'est HS-I19L qui favorise l'interaction de R2 avec la tubuline. Il se peut qu'une stabilisation mutuelle des structures de chacun et peut-être des interactions avec la tubuline, conduise aux résultats présentés.

III/ Conclusions

Ce travail a donc permis d'identifier une série de peptides correspondant à la région N-terminale de SLD, capable d'inhiber la polymérisation de la tubuline. Bien qu'aucune interaction directe entre la tubuline et ces peptides n'est encore été observée, il est probable que chaque peptide « séquestre » un hétérodimère de tubuline en se liant à la tubuline α au niveau des sites de contacts longitudinaux inter-dimères, et en empêchant l'incorporation du dimère au microtubule (travail annexe). Des tests d'efficacité sur cellules, voir *in vivo*, devront ensuite être réalisés de manière à évaluer le potentiel thérapeutique de ce peptide. Par ailleurs, afin d'établir une corrélation entre la capacité de ces peptides à s'opposer à la polymérisation de la tubuline et leur structure, nous avons entrepris de déterminer leur structure libre ou liée à la tubuline par RMN, en collaboration avec le laboratoire de Flavio Toma (Université d'Evry). La radio-cristallographie qui a permis de déterminer la structure du complexe tubuline:RB3$_{SLD}$ s'avère en effet à ce jour inapplicable aux peptides,

---

[7] Le terme « coopérer » est utilisé ici en termes larges et ne se réfère pas particulièrement au mécanisme de coopérativité positive décrit par Changeux et Monod et qui régit la formation du

probablement en raison de leur faible affinité pour la tubuline. En revanche, bien que les résultats ne soient encore que très préliminaires, la RMN fournit déjà des informations sur la conformation des peptides libres en solution (ce qui constitue un avantage par rapport à la cristallographie) et sur leur repliement induit au contact de la tubuline. Elle devrait en outre permettre de pointer les atomes engagés dans la liaison, ce qui pourrait permettre de prédire la séquence de peptides ayant une meilleure affinité pour la tubuline et de synthétiser des molécules utilisables en thérapeutique anti-cancéreuse. L'approche RMN pourrait aussi permettre de savoir si HS-I19L et R2 sont plus ou différemment structurés en présence de R2 ou de HS-I19L respectivement (et bien sûre de tubuline), et donc de définir lequel favorise l'action de l'autre.

---

complexe T_2S.

TRAVAIL ANNEXE–
RESOLUTION DU COMPLEXE TUBULINE:RB3$_{SLD}$ A 3.5 Å

Insight into tubulin regulation from a complex with colchicine and a stathmin-like domain

Ravelli RB, Gigant B, Curmi PA, Jourdain I, Lachkar S, Sobel A, Knossow M.

Nature. 2004; 428(6979):198-202.

Si le travail II donne une description mécanistique de l'interaction tubuline:SLD, la collaboration avec l'équipe de M. Knossow (Gif/ Yvette) a permis de visualiser le complexe tubuline:RB3$_{SLD}$ à 3,5 Å (Gigant et al, 2000). Une première étude avait déjà permis de résoudre partiellement la structure cristallographique du complexe tubuline:RB3$_{SLD}$ à 4 Å et d'observer que les deux hétérodimères de tubuline sont organisés tête-à-queue le long d'une longue hélice-α courbe de RB3$_{SLD}$. La résolution obtenue ne permettait cependant pas de visualiser tous les résidus du complexe, ni les chaînes latérales. De fait, la région N-terminale du SLD manquait et son hélice ne pouvait être orientée. De plus, c'est en faisant passer une hélice-α poly-alanines dans la densité électronique de RB3$_{SLD}$, et en utilisant la structure de la tubuline obtenue à partir de feuillets zinc, que ce complexe a pu être partiellement modélisé.

L'obtention d'une meilleure résolution permet désormais de mieux décrire le complexe tubuline:RB3$_{SLD}$ et de comprendre sa fonction. Le site de liaison de la colchicine a pu être déterminé dans le même temps. N'étant pas cristallographe, je n'ai participé ni à la crystalogenèse, ni à l'analyse des cristaux. J'ai en revanche produit des chimères et des fragments de SLD susceptibles de donner lieu à des cristaux de meilleure qualité et recherché, à partir des données fournies par les cristallographes, les résidus de SLD et de tubuline en interaction. Sont résumés ci-dessous les principales conclusions qui se rapportent à l'interaction tubuline:SLD. L'ensemble de ce travail peut être apprécié plus en détail dans l'article 2.

I/ Les points de contact entre la tubuline et RB3$_{SLD}$

Du point de vue du SLD, une des plus grandes avancées de ce travail est la visualisation de la région N-terminale qui, contre toute attente, présente une structure en épingle à cheveux constituée de deux feuillets-β anti-parallèles reliés par une boucle (figure 1 de l'article). Cette structure est positionnée dans le prolongement d'un feuillet β du domaine intermédiaire de la tubuline α, juste au site de contact permettant les interactions longitudinales dans le protofilament. La sérine 16 se trouve dans la boucle reliant les deux feuillets et sa phosphorylation pourrait induire un changement conformationnel des feuillets et être en ce sens responsable de la perte d'efficacité des SLD sur la polymérisation de la tubuline.

La région riche en prolines reste encore mal résolue probablement à cause de l'absence de structure secondaire, même en interaction avec la tubuline.

Le SLD interagit avec la tubuline sur toute sa longueur[8], même dans la région 89-92 située entre les deux « sites » (figure 1 de l'article). Le deuxième dimère de tubuline (α2β2) est engagé dans plus d'interactions avec l'hélice du SLD que le premier dimère, ce qui expliquerait la propriété stabilisatrice du « site 2 » mise en avant dans le travail II. Un grand nombre de résidus sont donc en contact avec la tubuline mais il est difficile de les systématiser. En effet, si tous les acides aminés du sillon hydrophobe sont en interaction, autant de résidus polaires ou chargés le sont aussi. De plus, les deux sites du SLD sont positionnés

---

[8] On ne peut pas considérer que la région riche en prolines face exception dans la mesure où sa mauvaise résolution ne permet pas de déterminer ses contacts éventuels avec la tubuline.

de la même manière vis-à-vis de la tubuline, mais les chaînes latérales des acides aminés formant la répétition interne ne sont pas systématiquement orientées vers la tubuline. Cela suggère que ces résidus répétés ont une autre fonction que celle d'interagir avec la tubuline, comme la liaison à un autre partenaire, ou le maintient de la structure hélicoïdale.

II/ Les mouvements de la tubuline courbe par rapport à la tubuline droite

La conformation globale de la tubuline dans le complexe T_2-SLD est similaire à la structure de la tubuline-GDP des protofilaments courbes et il est possible de comparer la structure de cette tubuline courbe à celle de la tubuline droite. On note deux mouvements de rotation pour passer d'une structure à une autre : l'un global de 11.6° pour supperposer les monomères de tubulines, l'autre au sein des monomères α et β qui tournent respectivement de 8° et 11°.

En outre, plusieurs modifications conformationnelles interviennent localement aux interfaces intra- et inter- dimères et qui expliquent la courbure du complexe. A l'interface intra-dimère on note par exemple des modifications de positionnement de la boucle T7 et de l'hélice H8 sur la tubuline β, et de la boucle T5 et de l'hélice H7 sur la tubuline α. A l'interface inter-dimère, les modifications sont plus importantes et impliquent une translation de la boucle T5 et un mouvement de la boucle H6-H7 de la tubuline β. La position de ces dernières structures dans le complexe T_2-RB3$_{SLD}$ courbe empêche les contacts latéraux avec le protofilament voisin (figure 2 de l'article).

Le rôle du nucléotide dans ces transitions n'est pas formellement établit. Une hypothèse serait que la liaison du GTP bloque l'hélice H7 dans sa position « tubuline droite » qui se positionnerait favorablement pour s'engager dans un contact latéral stabilisateur.

Cause, conséquence ou corrélation, la conformation globale et locale de la tubuline est donc à mettre directement en relation avec la polymérisation et la dépolymérisation du microtubule : la structure droite favorise les contacts latéraux et à l'inverse, les contacts latéraux forment la structure droite.

III/ Le site de liaison de la colchicine sur la tubuline

Enfin, ce travail permet de localiser le site de liaison de la colchicine dans une poche formée par le domaine intermédiaire de la tubuline β, à l'interface avec la tubuline α (figure 3 de l'article). En se fixant à la tubuline, la colchicine induit un déplacement de la boucle M, nécessaire à l'établissement des contacts latéraux. Ainsi, plus la concentration de colchicine est importance, plus elle empêcherait les contacts latéraux. Cette hypothèse expliquerait qu'à faible concentration la colchicine limite simplement la croissance des microtubules, alors qu'à forte concentration, elle déstabilise les extrémités.

IV/ Conclusions

Ces données cristallographiques ont permis d'avancer dans la compréhension de la dynamique des microtubuels et de l'effet des SLD sur cette dynamique. Elles sont aussi d'un grand intérêt pour le cancer. A notre connaissance, cette méthode est en effet la seule capable de fournir une structure native de la tubuline avec, à la clé, la description des sites de liaison des drogues anti-cancéreuses ciblant la tubuline et la possibilité de synthétiser de nouvelles drogues de façon raisonnée. La cartographie du complexe a d'ailleurs permis de cibler une région du SLD capable d'agir sur la polymérisation *in vitro* de la tubuline (travail III). Enfin, des essais de cristallisation du complexe tubuline:SN-R1-R2 sont en cours car, comme nous l'avons vu dans le Travail II, cette chimère forme avec la tubuline un complexe plus stable que RB3$_{SLD}$ et pourrait permettre d'affiner encore la résolution du complexe. De plus, l'utilisation, si elle est possible, des fragments RN-R1, SN-S1 ou d'une chimère SN-R2 pourrait conduire à la description d'un complexe TS et d'un dimère de tubuline isolé.

DISCUSSION

La stathmine est une petite protéine cytosolique ubiquitaire qui régule la dynamique des microtubules en séquestrant la tubuline dans un complexe constitué de deux hétérodimères de tubuline par molécule de stathmine (complexe T_2S) (Curmi et al, 1997; Jourdain et al, 1997). Ce processus de séquestration de la tubuline est très probablement responsable de l'effet de la stathmine sur la dynamique des microtubules. Les autres protéines de la famille de la stathmine peuvent aussi lier deux hétérodimères de tubuline grâce à leur domaine de type stathmine (SLD), mais les différents complexes T_2-SLD présentent des stabilités très variables (Charbaut et al, 2001). Lorsque j'ai débuté ma thèse, la cristallographie aux rayons X d'une part et la microscopie électronique d'autre part avaient déjà permis de visualiser deux de ces complexes (Gigant et al, 2000; Steinmetz et al, 2000). Cependant, les mécanismes moléculaires conduisant à la formation et à la stabilisation des complexes T_2-SLD, ainsi que ceux responsables des différentes propriétés de liaison à la tubuline des divers SLD, restaient mal décrits. L'analyse de la contribution relative de trois régions de SLD et de leur relation fonctionnelle apporte aujourd'hui des éléments de réponse à ces questions. Grâce à la découverte de peptides issus de SLD s'opposant à la polymérisation de la tubuline et à notre collaboration avec des cristallographes pour résoudre la structure des complexes T_2-SLD, ce travail s'inscrit par ailleurs dans le cadre du développement de nouvelles stratégies anticancéreuses visant à perturber la formation du fuseau mitotique

I/ Rôle de la région N-terminale, du premier et du deuxième site d'ancrage de la tubuline dans l'interaction des SLD avec la tubuline

Les données présentées en annexe indiquent que la région N-terminale, en se positionnant au niveau des contacts longitudinaux de la tubuline, confère à la stathmine une activité particulière. Il a été proposé que cette activité soit indépendante de l'activité de séquestration et que le site 1 ne constitue qu'un moyen de stabiliser l'interaction de la région N-terminale avec la tubuline (Segerman et al, 2003). En accord avec cette hypothèse, le travail III montre que différents peptides issus de régions N-terminales de SLD peuvent à eux seuls inhiber la polymérisation de la tubuline, mais que leur affinité pour la tubuline est faible. De plus, l'échange du site 1 de la stathmine par le site 2 (chimère SN-S2-S2) provoque une perte d'efficacité de liaison à la tubuline, suggérant que ce site 2 en position 1 stabilise mal l'interaction de la région N-terminale avec la tubuline. On peut cependant considérer que le site 2 ne peut pas acquérir une conformation nécessaire à sa liaison à la tubuline lorsqu'il est précédé de la région N-terminale (chimères SN-S2-S2 et SN-S2-S1).

Une série d'arguments laissent pourtant envisager qu'à l'inverse la région N-terminale favorise et régule la liaison de la tubuline au site 1. Par exemple, les tentatives de détection d'une interaction entre la tubuline et le site 1 menées par différentes équipes ont toutes échouées, alors qu'une interaction avec la tubuline est observable avec un fragment correspondant à la région N-terminale + site1 (Steinmetz et al, 2000; Wallon et al, 2000). La délétion de la région N-terminale, bien que ne supprimant pas l'effet du SLD sur la polymérisation de la tubuline, induit une perte de stabilité des complexes formés entre S1-S2 ou R1-R2 et la tubuline. Par ailleurs l'échange de la région N-terminale de RB3 par celle de stathmine (chimère SN-R1-R2) montre que la liaison de la tubuline est aussi régulée par le type de région N-terminale. Il semble donc que la liaison de la tubuline soit inter-dépendante de la région N-terminale et du site 1 mais il n'est pour l'instant pas possible de déterminer quelle région influence la liaison de la tubuline à l'autre région.

La région N-terminale ne peut cependant pas être considérée comme un simple prolongement du site 1 qui favorise l'interaction avec la tubuline en augmentant le nombre de points de contact. Les résultats préliminaires présentés dans le travail III montrent en effet que la région N-terminale de la stathmine et le site 2 de RB3 fonctionnent en synergie pour inhiber la polymérisation de la tubuline. Le site 2 n'est pas non plus capable à lui seul d'inhiber la polymérisation de la tubuline *in vitro*, soit parce que son affinité pour la tubuline est trop faible, soit parce qu'il ne bloque pas son incorporation au microtubule (voir travail III). Néanmoins, il constitue le principal élément stabilisateur du complexe T_2S. Son interaction avec un hétérodimère de tubuline semble être conditionnée par la liaison d'un autre dimère de tubuline à la région N-terminale + site 1. En effet, toute altération de cette région est responsable d'une diminution de l'efficacité d'interaction avec la tubuline (SN-S2-S2, phosphorylation). Enfin, les données de radio-cristallographie ont montré que les deux dimères de tubuline sont en contact dans le complexe, suggérant une stabilisation du complexe via cette interaction (Gigant et al, 2000).

Dans l'ensemble ces données convergent vers un mécanisme de coopérativité positive de l'interaction tubuline:stathmine. Elles sont en accord avec des données expérimentales obtenues par d'autres laboratoires (Segerman et al, 2000; Holmfeldt et al, 2001). L'absence d'espèce TS à l'équilibre indique par ailleurs que la liaison d'un seul dimère de tubuline est faible et doit probablement être stabilisée par un deuxième hétérodimère de tubuline (Jourdain et al, 1997). Ce travail permet donc d'apporter des arguments supplémentaires en faveur d'une coopérativité d'interaction de la stathmine avec la tubuline, et de fournir le schéma mécanistique présenté figure 62.

Ces conclusions sont cependant en contradiction avec celles publiées par Honnappa *et coll.* (Honnappa et al, 2003). Les auteurs ont en effet observé la formation de complexes TS par microscopie électronique et déterminé par microcalorimétrie que l'affinité de la tubuline est la même pour les deux sites de la stathmine. Les raisons de cette divergence ne sont pas claires. Pour les analyses de chromatographie d'exclusion et de polymérisation *in vitro* de la tubuline présentées dans ce travail, on ne peut pas invoquer une gêne induite par l'immobilisation d'un partenaire.

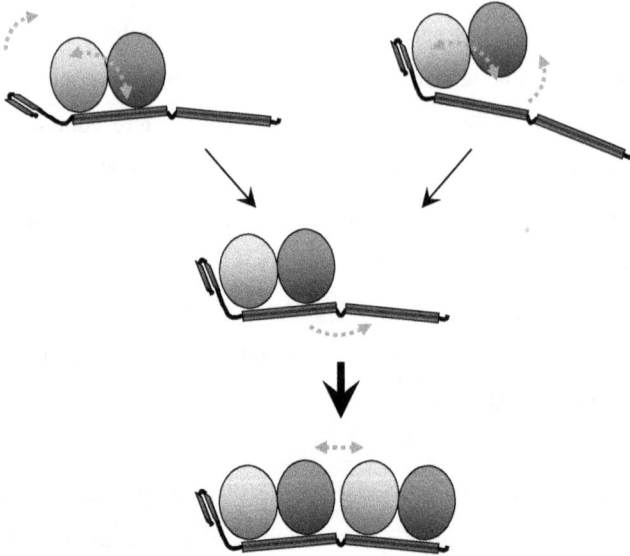

Figure 62 : Coopérativité de l'interaction tubuline:stathmine. La liaison d'un premier hétérodimère de tubuline fait appel à la région N-terminale + site 1. Cette interaction est faible mais permet la fixation d'un deuxième hétérodimère sur le site 2. Ce dernier évènement permet la stabilisation du complexe T_2S, peut-être grâce au contact entre les deux dimères de tubuline.

De plus les données de résonance plasmonique de surface corroborent celles obtenues avec les techniques d'étude de l'interaction en solution. Enfin, on ne peut pas exclure la possibilité que les limites des sites définis dans le travail II aient été décalées de quelques résidus. Cependant, les analyses de la conformation des chimères et de leur fonctionnalité en terme de liaison à la tubuline, n'ont révélé aucun défaut apparent.

II/ Bases moléculaires des différences de comportement des divers SLD vis-à-vis de la tubuline

Les chimères et les fragments de stathmine et de RB3$_{SLD}$ présentées dans le travail II montrent que la région N-terminale et le site 2 sont responsables des différences de comportement de la stathmine et de RB3$_{SLD}$ vis-à-vis de la tubuline. Il est probable que ces différences aient une explication structurale et surtout une signification fonctionnelle *in vivo*.

A/ Hypothèses de positionnements spécifiques des sous unités de tubuline par la stathmine et par RB3$_{SLD}$

Une étude récente sur la relation entre flexibilité de la tubuline et ses fonctions offre une explication quant aux différentes influences que pourraient avoir ces deux régions sur la stabilité des divers complexes formés avec la tubuline. Keskin *et coll.* ont élaboré un modèle pour explorer la dynamique globale du dimère α/β de tubuline (Keskin et al, 2002). Selon ce modèle, plusieurs résidus, même éloignés dans la séquence primaire de la tubuline, peuvent présenter des profils de mouvements collectifs similaires qui peuvent être corrélés les uns aux autres. Six groupes de résidus ont ainsi été définis. Les mouvements de ces groupes les uns par rapport aux autres sont identiques dans les deux monomères individuels et essentiellement liés à des connections locales et aux résidus environnants. En revanche, la dimérisation entraîne des effets à plus longue distance. Par exemple, les groupes S1 et S2 qui sont situés respectivement à l'extrémité (-) et (+) du dimère fluctuent dans le même sens, mais dans le sens inverse du groupe S6 située à l'interface entre monomères. En d'autres termes, le mouvement d'une région du dimère crée, par effet cascades, des mouvements globaux responsables de la fonctionnalité du dimère. Trois mouvements globaux ont été décrits : la rotation rigide de chaque monomère par rapport à l'autre, dans le sens opposé et selon un axe longitudinal ; l'oscillation de chaque monomère par rapport à l'autre, dans le sens opposé et selon un plan central ; l'étirement ou la contraction du dimère selon un axe longitudinal. De la même manière, en se liant à une région, un agent extérieur peut provoquer des mouvements internes qui influencent la polymérisation (Keskin et al, 2002). Le travail annexe montre en effet que la tubuline-GDP en complexe avec RB3$_{SLD}$ présente des différences conformationnelles intra-dimères par rapport à la tubuline droite du protofilament.

Par extension, on peut imaginer que d'autres mouvements, ou du moins des mouvements d'amplitude variable, puissent être induits dans la tubuline par un SLD donné. En se liant de manière subtilement différente à la tubuline, la région N-terminale et le site 2 pourraient chacun induire différents mouvements locaux, puis à distance, du premier et du deuxième hétérodimère de tubuline respectivement, donnant lieu à un contact tubuline:tubuline spécifique du SLD.

La région N-terminale possède une séquence riche en prolines qui se trouve être la région la moins conservée parmi les SLD. On ne sait pas à ce jour si cette région interagit avec la tubuline, ni comment elle se positionne par rapport à elle. Cependant, elle est probablement responsable du coude qui confère au SLD sa forme en crochet dans le complexe T$_2$-SLD (travail annexe). Il est possible que le contenu en prolines et la position des prolines dans cette région définissent un angle qui dicterait une orientation particulière du reste de la région N-terminale sur la tubuline. En outre, les résultats exposés dans le travail III ont été obtenus avec des peptides N-terminaux ne contenant pas cette région riche en prolines et indiquent pourtant des différences entre le peptide de stathmine et celui de RB3$_{SLD}$, dans l'efficacité à inhiber la polymérisation de la tubuline _in vitro_. Néanmoins, que ce soit grâce à la région riche en prolines ou simplement grâce au reste de la région N-terminale, on peut imaginer que la position du feuillet β du SLD détermine celle du feuillet β du domaine intermédiaire de la tubuline α avec lequel il est en interaction et qu'il prolonge.

Les expériences de filtration sur gel réalisées au laboratoire indiquent par ailleurs que, en solution, RB3$_{SLD}$ est une molécule plus compacte que la stathmine et que SCG10$_{SLD}$ et SCLIP$_{SLD}$ ont un rayon de Stokes situé entre celui de RB3$_{SLD}$ et celui de la stathmine. De façon intéressante, il semble que plus le SLD est compact, plus le complexe formé avec la tubuline est stable. En effet, les SLD qui forment les complexes les plus stables avec la tubuline sont RB3$_{SLD}$, puis SCG10$_{SLD}$ et SCLIP$_{SLD}$, suivis de la stathmine. La contraction du SLD pourrait autoriser une interaction plus ou moins facilitée de la tubuline en fonction du degré d'adaptation de cette dernière. Ces modifications locales de la tubuline entraîneraient des modifications à l'interface inter-dimères qui favoriseraient la connection entre les dimères de tubuline et stabiliseraient l'ensemble du complexe T$_2$-SLD. Cependant, à ce jour aucune les rayons de Stokes publiés des différents complexes T$_2$-SLD peuvent en partie être minorés du fait de l'instabilité de certains complexes (Charbaut et al, 2001). Pour comparer réellement la forme des complexes, il faudrait donc abolir le « facteur stabilité ». Cela pourrait être possible si la stabilité était ramenée à la même valeur pour tous les complexes tubuline:SLD par exemple grâce à l'utilisation de TMAO.

La région N-terminale et le site 2 et/ou l'état de compaction des SLD, pourraient produire soit une modification de l'angle de courbure du complexe selon un plan central, soit une flexion du complexe selon un plan axial, soit un phénomène d'élongation/ compaction du complexe selon un axe longitudinal (figure 63). La première hypothèse est cependant peu probable car la visualisation du complexe stathmine:tubuline par microscopie électronique et celle du complexe RB3$_{SLD}$:tubuline par radio-cristallographie, montrent que l'angle de courbure est le même dans les deux complexes (Gigant et al, 2000; Steinmetz et al, 2000).

Pour tester ces hypothèses, il faudrait pouvoir directement comparer la structure de la tubuline en complexe avec des fragments de la stathmine et avec RB3$_{SLD}$. Les tentatives d'obtention de cristaux en présence de stathmine ont à ce jour fourni des cristaux de mauvaise qualité, peut être parce que l'affinité de la stathmine pour la tubuline est plus faible que celle de RB3$_{SLD}$. L'utilisation de la chimère NS-R1-R2 qui forme un complexe très stable avec la tubuline, pourrait permettre de mettre à jour des variations de structures secondaire et tertiaire de la tubuline, dues à la présence de la région N-terminale de la stathmine.

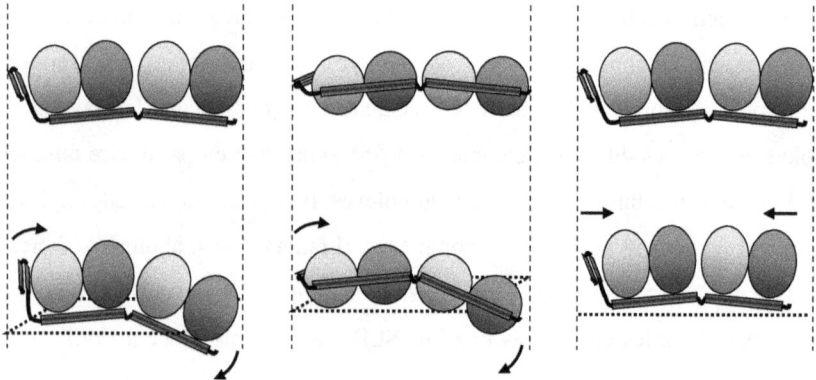

Figure 63 : hypothèses des mouvements globaux de tubuline que la région N-terminale et le site 2 de différents SLD pourraient induire.

Simultanément, ces mouvements de tubuline intra et inter-dimères, produits par la liaison d'une région du SLD, pourraient renforcer l'interaction de la tubuline avec les autres régions du SLD. Les résultats préliminaires exposés dans le travail III suggèrent que la région N-terminale et un site de liaison à la tubuline coopèrent pour limiter la polymérisation de la tubuline *in vitro*, même lorsque ces deux régions ne sont pas physiquement reliées. Les études de RMN qui sont en cours devraient permettre de savoir si, en présence de tubuline, une région de SLD se replie différemment en présence et en absence d'une autre région et lorsque ces deux régions sont physiquement reliées ou séparées.

B/ Hypothèse de régulations spécifiques de l'activité de la stathmine et de RB3

Bien que le site 2 soit le principal élément stabilisateur des complexes formés entre la tubuline et les SLD, tout se passe comme si il existait un équilibre relatif entre la région N-terminale et le site 2, qui serait inverse chez la stathmine et chez RB3$_{SLD}$. En effet, la stathmine semble présenter une région N-terminale « forte » et un site 2 « faible », contrairement à RB3$_{SLD}$ qui semble avoir une région N-terminale « faible » et un site 2 « fort ». Pour inactiver l'interaction de ces SLD avec la tubuline, il suffirait donc d'inactiver les sites « forts ». Trois des quatre sites de phosphorylation de la stathmine sont localisés dans sa région N-terminale et leur phosphorylation combinée altère effectivement la capacité de la stathmine à séquestrer la tubuline, constituant un moyen de régulation de l'action de la stathmine sur les microtubules *in vitro* et *in vivo* (Larsson et al, 1997; Melander Gradin et al, 1998). A l'inverse, la phosphorylation de la région N-terminale de RB3 ne limiterait que très faiblement son interaction avec la tubuline. En accord avec cette prédiction, la faible conservation des sites de sa région N-terminale suggère que l'interaction de RB3$_{SLD}$ avec la tubuline n'est que peu contrôlée par cette région. A l'inverse, RB3 présente des sites potentiels de phosphorylation dans son site 2, qui pourraient moduler l'interaction avec la tubuline en réponse à des signaux cellulaires différents de ceux qui régulent l'activité de la stathmine.

La sérine 16 est le site de phosphorylation le mieux conservé parmi les protéines de la famille de la stathmine. Elle est située dans une séquence PEST potentielle et sa phosphorylation est associée à une dégradation de la stathmine (Melander Gradin et al, 1997). Or la stathmine est essentiellement phosphorylée en mitose, ce qui laisse supposer que la phosphorylation de ce site inactive la stathmine non seulement en limitant sa liaison à la tubuline, mais également sa concentration intra-cellulaire. Ces deux mécanismes de régulations sont de fait très répandus au cours de la mitose. Bien que la phosphorylation du site équivalent chez RB3 ne soit pas encore établie, sa bonne conservation suggère un rôle similaire. Malgré ce qui a été proposé ci-dessus, on ne peut bien sûre pas exclure que la phosphorylation de ce site limite la liaison de RB3 à la tubuline. Mais on peut aussi envisager que cette modification constitue un signal de clivage de RB3, dont la finalité serait différente de celle observée pour la stathmine. Il est important de rappeler que le SLD de RB3 est précédé d'une extension N-terminale, probablement responsable de son accrochage aux membranes. En présence de cette extension, RB3 est moins apte à réguler la dynamique des microtubules *in vivo* (Nakao et al, 2004). Le clivage au niveau de la sérine 16 pourrait donc permettre de libérer le SLD de l'extension N-terminale en réponse à un signal de phosphorylation, sans affecter les propriétés d'interaction avec la tubuline (voir ci-dessus), mais en permettant au SLD de jouer un rôle dans la régulation de la dynamique des microtubules. RB3 pourrait être dégradée moins rapidement que la stathmine suite à ce clivage, car protégée par sa meilleure interaction avec la tubuline. Contrairement à ce qui est connu pour la stathmine, la phosphorylation du site 16 chez RB3 permettrait alors une activation de l'activité de séquestration de la tubuline. Pour tester cette hypothèse, il suffirait de réaliser un fractionnement cellulaire qui permettrait de séparer la protéine RB3 cytosolique de sa forme membranaire. Si la forme cytosolique existe, on pourrait ensuite envisager d'analyser son contenu en acides aminés par spectrométrie de masse afin d'identifier le site de clivage.

C/ Hypothèse d'une liaison de la stathmine et de RB3$_{SLD}$ à différents types de tubuline

A ma connaissance, toutes les expériences *in vitro* visant à décrire l'interaction entre la tubuline et les protéines de la famille de la stathmine ont été réalisées avec de la tubuline purifiée à partir de cerveau de grands mammifères (bœuf, porc…). La tubuline utilisée est en fait un mélange de différentes isoformes et isotypes de tubuline qui peuvent en outre présenter diverses modifications post-traductionnelles. Or, comme nous l'avons vu en introduction, la liaison de protéines moteurs ou de MAP aux microtubules peut être régulée par des modifications post-traductionnelles. Les niveaux d'expression de ces protéines peuvent en outre être corrélés aux niveaux d'expression de certains isotypes de tubuline. Il est donc raisonnable de penser que la nature de la tubuline module également sa liaison aux SLD, et peut-être même de manière spécifique du SLD. Peut-être due à la difficulté de purifier les isotypes de tubuline, aucune étude n'a encore été menée pour évaluer l'influence du type de tubuline sur la stabilité des complexes formés avec les différents SLD. On ignore même si tous les SLD peuvent interagir avec toutes les formes de tubuline. Or, dans un tissu donné, la population d'isotypes de tubuline est hétérogène. Par exemple, dans un extrait protéique de cerveau de vache on retrouve 3 % de tubuline β de classe I, 58 % de classe II, 25 % de classe III et 13 % de classe IV. En utilisant de la tubuline extraite d'un cerveau de vache, on augmente donc la probabilité d'observer des interactions avec la tubuline β de classe II. Un SLD qui interagirait mal avec cette classe de tubuline en particulier donnerait l'impression d'être un mauvais facteur de séquestration de la tubuline (comme par exemple RB3' (Charbaut et al, 2001)), alors que son rôle serait de séquestrer une autre classe de tubuline. Si tel était le cas, il pourrait y avoir des corrélations d'expression tissulaire entre différents types de tubulines et les différentes protéines de la famille de la stathmine. En outre, il est possible d'imaginer que la co-expression de plusieurs protéines de la famille dans une même cellule est nécessaire à la régulation des stocks de différentes tubulines au cours de la prolifération ou de la différenciation. De la même manière, en interagissant préférentiellement avec de la tubuline ayant subit une modification post-traductionnelle donnée en réponse à un signal, chaque protéine de la famille pourrait jouer un rôle précis dans la régulation de la dynamique des microtubules en réponse aux besoins de la cellule. Ces hypothèses pourraient apporter une justification fonctionnelle à l'existence de cette famille de protéines.

Bien que ces hypothèses soient séduisantes, il convient néanmoins de noter que la région de la tubuline qui porte les modifications post-traductionnelles et qui différencie les isotypes de tubuline est le domaine C-terminal, qui n'est pas directement en contact avec le SLD.

III/ La stathmine serait-elle une protéine intrinsèquement non structurée (IUP) ?

Les IUP constituent un nouveau groupe encore très incomplet et relativement mal décrit, de protéines intrinsèquement non ou peu structurées en solution mais capables de se structurer en interaction avec un partenaire de manière corrélée à des types de fonctions (Tompa, 2002). Ainsi, ce sont en général des protéines régulatrices de processus cellulaires clés; leur expression est souvent régulée par protéolyse au niveau des séquences PEST (Rechsteiner and Rogers, 1996); elles ont une grande liberté d'orientation qui leur permet de chercher leur partenaire sur un large rayon; elles interagissent sur toute leur longueur avec ces partenaires, de manière rapide, spécifique et réversible; elles adoptent des structures différentes sous l'effet de différents stimuli ou partenaires et ont en général plusieurs cibles d'action.

Les protéines de la famille de la stathmine, ou du moins leur SLD, présentent un certain nombre de caractéristiques qui pourraient permettre de les classer dans la catégorie des IUP. En effet, la RMN et le dichroïsme circulaire montrent que la stathmine est une protéine flexible en solution et son rayon de Stokes et son coefficient de sédimentation indiquent que c'est une protéine de forme allongée. De plus, ces protéines sont résistantes à la l'ébulition et leur migration électrophorétique est retardée par rapport à leur poids moléculaire calculé. Enfin, leur séquence est chargée et elles interagissent sur toute leur longueur avec la tubuline par l'intermédiaire de domaines structurés (région N-terminale, site 1 et site 2) séparés par de courtes séquences de liaison.

Si les protéines de la famille de la stathmine sont effectivement des IUP, cela pourrait signifier qu'elles possèdent d'autres partenaires que la tubuline et qu'elles interviennent dans d'autres processus que la régulation de la dynamique des microtubules. Dans ce contexte, la phosphorylation des sites 25 et 38 qui n'a que peu d'effet sur l'interaction de la stathmine avec la tubuline, pourrait permettre de réguler plus spécifiquement sa liaison avec d'autres partenaires. Etant donné que l'effet de SCG10 sur la polymérisation *in vitro* de la tubuline semble être régulée par RGSZ1 (Nixon et al, 2002), il est également possible que la stathmine puisse lier un facteur capable de moduler son interaction avec la tubuline.

Au cours de ma thèse, j'ai obtenu des résultats permettant d'identifier les régions à la base de la diversité de comportement des protéines de la famille de la stathmine vis-à-vis de la tubuline. L'intérêt de mes travaux est double : d'une part ils contribuent à une meilleure connaissance du rôle précis de chacune des protéines de la famille de la stathmine à travers leur action sur la dynamique des microtubules; d'autre part, grâce à notre collaboration avec des cristallographes pour résoudre la structure des complexes T_2-SLD, ils ont conduit à la découverte de peptides capables d'inhiber la polymérisation de la tubuline. Ces derniers résultats s'inscrivent dans le cadre du développement de nouvelles stratégies anticancéreuses visant à perturber la formation du fuseau mitotique.

REFERENCES
BIBLIOGRAPHIQUES

Ahn, J., Murphy, M., Kratowicz, S., Wang, A., Levine, A. J., and George, D. L. (1999). Oncogene **18**, 5954-5958.

Al Bassam, J., Ozer, R. S., Safer, D., Halpain, S., and Milligan, R. A. (24-6-2002). J Cell Biol **157**, 1187-1196.

Alsop, G. B. and Zhang, D. (4-8-2003). J Cell Biol **162**, 383-390.

Amat, J. A., Fields, K. L., and Schubart, U. K. (1990). Mol.Reprod.Dev. **26**, 383-390.

Amat, J. A., Fields, K. L., and Schubart, U. K. (1991). Developmental Brain Research **60**, 205-218.

Amayed, P., Thèse de doctorat, 2002.

Amayed, P., Carlier, M. F., and Pantaloni, D. (10-10-2000). Biochemistry **39**, 12295-12302.

Amayed, P., Pantaloni, D., and Carlier, M. F. (21-6-2002). J Biol Chem **277**, 22718-22724.

Amos, L. A. (1995). Trends Cell Biol **5**, 48-51.

Anderson, D. J. and Axel, R. (1985). Cell **42**, 649-662.

Antonio, C., Ferby, I., Wilhelm, H., Jones, M., Karsenti, E., Nebreda, A. R., and Vernos, I. (18-8-2000). Cell **102**, 425-435.

Antonsson, B., Kassel, D., Di Paolo, G., Lutjens, R., Riederer, B. M., and Grenningloh, G. (1998). J.Biol.Chem. **273**, 8439-8446.

Antonsson, B., Lutjens, R., Di Paolo, G., Kassel, D., Allet, B., Bernard, A., Catsicas, S., and Grenningloh, G. (1997a). Protein Expr.Purif. **9**, 363-371.

Antonsson, B., Montessuit, S., Di Paolo, G., Lutjens, R., and Grenningloh, G. (1997b). Protein Expr.Purif. **9**, 295-300.

Arnal, I., Karsenti, E., and Hyman, A. A. (15-5-2000). J Cell Biol **149**, 767-774.

Audebert, S., Koulakoff, A., Berwald-Netter, Y., Gros, F., Denoulet, P., and Edde, B. (1994). J Cell Sci **107 (Pt 8)**, 2313-2322.

Balogh, A., Mège, R. M., and Sobel, A. (1996). Exp.Cell Res. **224**, 8-15.

157

Beckett, D., Kovaleva, E., and Schatz, P. J. (1999). Protein Sci **8**, 921-929.

Beilharz, E. J., Zhukovsky, E., Lanahan, A. A., Worley, P. F., Nikolich, K., and Goodman, L. J. (1-12-1998). J Neurosci. **18**, 9780-9789.

Belmont, L. D. and Mitchison, T. J. (1996). Cell **84**, 623-631.

Beretta, L., Dobransky, T., and Sobel, A. (1993). J.Biol.Chem. **268**, 20076-20084.

Beretta, L., Dubois, M. F., Sobel, A., and Bensaude, O. (1995). Eur.J.Biochem. **227**, 388-395.

Bièche, I., Maucuer, A., Laurendeau, I., Lachkar, S., Spano, A. J., Frankfurter, A., Lévy, P., Manceau, V., Sobel, A., Vidaud, M., and Curmi, P. A. (2003). Genomics **81**, 400-410.

Bonnet, C., Boucher, D., Lazereg, S., Pedrotti, B., Islam, K., Denoulet, P., and Larcher, J. C. (2001). J Biol Chem **276**, 12839-12848.

Brattsand, G. (2000). Br.J.Cancer **83(2)**, 311-318.

Budde, P. P., Kumagai, A., Dunphy, W. G., and Heald, R. (2-4-2001). J Cell Biol **153**, 149-158.

Burkhart, C. A., Kavallaris, M., and Band, Horwitz S. (2001). Biochim.Biophys Acta **1471**, O1-O9.

Camoletto, P., Colesanti, A., Ozon, S., Sobel, A., and Fasolo, A. (2001). Brain Res Bull **54**, 19-28.

Camoletto, P., Peretto, P., Bonfanti, L., Manceau, V., Sobel, A., and Fasolo, A. (1997). Neuroreport **8**, 2825-2829.

Canman, J. C., Cameron, L. A., Maddox, P. S., Straight, A., Tirnauer, J. S., Mitchison, T. J., Fang, G., Kapoor, T. M., and Salmon, E. D. (28-8-2003). Nature **424**, 1074-1078.

Canman, J. C., Sharma, N., Straight, A., Shannon, K. B., Fang, G., and Salmon, E. D. (1-10-2002). J Cell Sci **115**, 3787-3795.

Caplow, M. and Fee, L. (25-2-2003). Biochemistry **42**, 2122-2126.

Caplow, M. and Shanks, J. (1996). Mol Biol Cell **7**, 663-675.

Carazo-Salas, R. E., Gruss, O. J., Mattaj, I. W., and Karsenti, E. (2001). Nat.Cell Biol **3**, 228-234.

Carlier, M-F. and Pantaloni, D. (1978). Biochemistry **17**, 1908-1915.

Carlier, M. F., Didry, D., and Pantaloni, D. (14-7-1987). Biochemistry **26**, 4428-4437.

Carlier, M. F., Didry, D., Simon, C., and Pantaloni, D. (21-2-1989). Biochemistry **28**, 1783-1791.

Carlier, M. F. and Pantaloni, D. (31-3-1981). Biochemistry **20**, 1918-1924.

Carvalho, P., Tirnauer, J. S., and Pellman, D. (2003). Trends Cell Biol **13**, 229-237.

Caudron, N., Arnal, I., Buhler, E., Job, D., and Valiron, O. (27-12-2002). J Biol Chem **277**, 50973-50979.

Caudron, N., Valiron, O., Usson, Y., Valiron, P., and Job, D. (17-3-2000). J Mol Biol **297**, 211-220.

Chano, T., Ikegawa, S., Kontani, K., Okabe, H., Baldini, N., and Saeki, Y. (14-2-2002). Oncogene **21**, 1295-1298.

Charbaut, E., Curmi, P. A., Ozon, S., Lachkar, S., Redeker, V., and Sobel, A. (2001). J Biol Chem. **276**, 16146-16154.

Chen, J. G. and Horwitz, S. B. (1-4-2002). Cancer Res. **62**, 1935-1938.

Cheon, M. S., Fountoulakis, M., Cairns, N. J., Dierssen, M., Herkner, K., and Lubec, G. (2001). J Neural Transm.Suppl , 281-288.

Chneiweiss, H., Beretta, L., Cordier, J., Boutterin, M. C., Glowinski, J., and Sobel, A. (1989). J.Neurochem. **53**, 856-863.

Chretien, D., Fuller, S. D., and Karsenti, E. (1995). J Cell Biol **129**, 1311-1328.

Chretien, D. and Wade, R. H. (1991). Biol Cell **71**, 161-174.

Cimini, D., Howell, B., Maddox, P., Khodjakov, A., Degrassi, F., and Salmon, E. D. (30-4-2001). J Cell Biol **153**, 517-527.

Cleveland, D. W., Mao, Y., and Sullivan, K. F. (21-2-2003). Cell **112**, 407-421.

Cooper, H. L., McDuffie, E., and Braverman, R. (1989). J.Immunol. **143**, 956-963.

Correia, J. J. and Lobert, S. (2001). Curr Pharm.Des **7**, 1213-1228.

Curmi, P., Maucuer, A., Asselin, S., Lecourtois, M., Chaffotte, A., Schmitter, J. M., and Sobel, A. (1994). Biochem.J. **300**, 331-338.

Curmi, P. A., Andersen, S. S. L., Lachkar, S., Gavet, O., Karsenti, E., Knossow, M., and Sobel, A. (1997). J.Biol.Chem. **272**, 25029-25036.

Curmi, P. A., Noguès, C., Lachkar, S., Carelle, N., Gonthier, M. P., Sobel, A., Lidereau, R., and Bièche, I. (2000). Br.J.Cancer **82**, 142-150.

Daub, H., Gevaert, K., Vandekerckhove, J., Sobel, A., and Hall, A. (2001). J.Biol.Chem. **276**, 1677-1680.

Davis, L. J., Odde, D. J., Block, S. M., and Gross, S. P. (2002). Biophys J **82**, 2916-2927.

De Crescenzo, G., Grothe, S., Lortie, R., Debanne, M. T., and O'Connor-McCourt, M. (8-8-2000). Biochemistry **39**, 9466-9476.

Dechant, R. and Glotzer, M. (2003). Dev.Cell **4**, 333-344.

Deleage, G. and Roux, B. (1987). Protein Eng **1**, 289-294.

Desai, A., Verma, S., Mitchison, T. J., and Walczak, C. E. (8-1-1999). Cell **96**, 69-78.

Detrich, H. W. 3rd and Williams, R. C. (19-9-1978). Biochemistry **17**, 3900-3917.

Di Paolo, G., Antonsson, B., Kassel, D., Riederer, B. M., and Grenningloh, G. (1997a). FEBS Lett. **416**, 149-152.

Di Paolo, G., Lutjens, R., Osen-Sand, A., Sobel, A., Catsicas, S., and Grenningloh, G. (1997b). J.Neurosci.Res. **50**, 1000-1009.

Di Paolo, G., Lutjens, R., Pellier, V., Stimpson, S. A., Beuchat, M. A., Catsicas, M., and Grenningloh, G. (1997c). J.Biol.Chem. **272**, 5175-5182.

Diaz, J. F. and Andreu, J. M. (23-3-1993). Biochemistry **32**, 2747-2755.

Downing, K. H. (2000). Annu.Rev.Cell Dev.Biol **16**, 89-111.

Doye, V., Kellermann, O., Buc-Caron, M. H., and Sobel, A. (1992). Differentiation **50**, 89-96.

Doye, V., Soubrier, F., Bauw, G., Boutterin, M. C., Beretta, L., Koppel, J., Vandekerckhove, J., and Sobel, A. (1989). J.Biol.Chem. **264**, 12134-12137.

Erickson, H. P. and Stoffler, D. (1996). J Cell Biol **135**, 5-8.

Feierbach, B., Nogales, E., Downing, K. H., and Stearns, T. (11-1-1999). J Cell Biol **144**, 113-124.

Fellous, A., Prasad, V., Ohayon, R., Jordan, M. A., and Luduena, R. F. (1994). J Protein Chem **13**, 381-391.

Funabiki, H. and Murray, A. W. (18-8-2000). Cell **102**, 411-424.

Galjart, N. and Perez, F. (2003). Curr Opin Cell Biol **15**, 48-53.

Gavet, O., El Messari, S., Ozon, S., and Sobel, A. (2002). J Neurosci.Res **68**, 535-550.

Gavet, O., Ozon, S., Manceau, V., Lawler, S., Curmi, P., and Sobel, A. (1998). J.Cell Sci. **111**, 3333-3346.

Gigant, B., Curmi, P. A., Martin-Barbey, C., Charbaut, E., Lachkar, S., Lebeau, L., Siavoshian, S., Sobel, A., and Knossow, M. (2000). Cell **102**, 809-816.

Goldstein, L. S. (2001). Trends Cell Biol **11**, 477-482.

Goode, B. L., Chau, M., Denis, P. E., and Feinstein, S. C. (8-12-2000). J Biol Chem **275**, 38182-38189.

Greka, A., Navarro, B., Oancea, E., Duggan, A., and Clapham, D. E. (2003). Nat.Neurosci **6**, 837-845.

Grenningloh (2002). SFN 2002 **prgm 330.15**.

Gu, W., Lewis, S. A., and Cowan, N. J. (1988). J Cell Biol **106**, 2011-2022.

Guillaume, E., Evrard, B., Com, E., Moertz, E., Jegou, B., and Pineau, C. (2001). Mol Reprod.Dev. **60**, 439-445.

Hailat, N., Strahler, J. R., Melhem, R. F., Zhu, X. X., Brodeur, G., Seeger, R. C., Reynolds, C. P., and Hanash, S. M. (1990). Oncogene **5**, 1615-1618.

Hanash, S. M., Strahler, J. R., Kuick, R., Chu, E. H. Y., and Nichols, D. (1988). J.Biol.Chem. **263**, 12813-12815.

Heald, R. and Nogales, E. (1-1-2002). J Cell Sci **115**, 3-4.

Himi, T., Okazaki, T., Wang, H., McNeill, T. H., and Mori, N. (1994). Neuroscience **60**, 907-926.

Hirata, D., Masuda, H., Eddison, M., and Toda, T. (2-2-1998). EMBO J **17**, 658-666.

Holmfeldt, P., Larsson, N., Segerman, B., Howell, B., Morabito, J., Cassimeris, L., and Gullberg, M. (2001). Mol Biol Cell **12**, 73-83.

Honnappa, S., Cutting, B., Jahnke, W., Seelig, J., and Steinmetz, M. O. (3-10-2003). J Biol Chem **278**, 38926-38934.

Horwitz, S. B., Shen, H-J., He, L., Dittmar, P., Neef, R., Chen, J., and Schubart, U. K. (1997). J.Biol.Chem. **272**, 8129-8132.

Howell, B., Deacon, H., and Cassimeris, L. (1999a). J.Cell Sci. **112**, 3713-3722.

Howell, B., Larsson, N., Gullberg, M., and Cassimeris, L. (1999b). Mol.Biol Cell **10**, 105-118.

Howell, B., Odde, D. J., and Cassimeris, L. (1997). Cell Motil.Cytoskeleton **38**, 201-214.

Hyman, A. A., Chretien, D., Arnal, I., and Wade, R. H. (1995). J Cell Biol **128**, 117-125.

Hyman, A. A., Salser, S., Drechsel, D. N., Unwin, N., and Mitchison, T. J. (1992). Mol Biol Cell **3**, 1155-1167.

Iancu, C., Mistry, S. J., Arkin, S., and Atweh, G. F. (1-7-2000). Cancer Res. **60**, 3537-3541.

Janosi, I. M., Chretien, D., and Flyvbjerg, H. (2002). Biophys J **83**, 1317-1330.

Jeha, S., Luo, X. N., Beran, M., Kantarjian, H., and Atweh, G. F. (15-3-1996). Cancer Res **56**, 1445-1450.

Jin, K., Mao, X. O., Cottrell, B., Schilling, B., Xie, L., Row, R. H., Sun, Y., Peel, A., Childs, J., Gendeh, G., Gibson, B. W., and Greenberg, D. A. (2004). FASEB J **18**, 287-299.

Jin, L. W., Masliah, E., Iimoto, D., Deteresa, R., Mallory, M., Sundsmo, M., Mori, N., Sobel, A., and Saitoh, T. (1996). Neurobiol.Aging **17**, 331-341.

Job, D., Valiron, O., and Oakley, B. (2003). Curr Opin Cell Biol **15**, 111-117.

Johnsen, J. I., Aurelio, O. N., Kwaja, Z., Jorgensen, G. E., Pellegata, N. S., Plattner, R., Stanbridge, E. J., and Cajot, J. F. (2000). Int J Cancer **88**, 685-691.

Jourdain, L., Curmi, P., Sobel, A., Pantaloni, D., and Carlier, M. F. (1997). Biochemistry **36**, 10817-10821.

Kar, S., Fan, J., Smith, M. J., Goedert, M., and Amos, L. A. (2-1-2003). EMBO J **22**, 70-77.

Keskin, O., Durell, S. R., Bahar, I., Jernigan, R. L., and Covell, D. G. (2002). Biophys J **83**, 663-680.

Khodjakov, A., Cole, R. W., Oakley, B. R., and Rieder, C. L. (27-1-2000). Curr Biol **10**, 59-67.

Khodjakov, A., Copenagle, L., Gordon, M. B., Compton, D. A., and Kapoor, T. M. (3-3-2003). J Cell Biol **160**, 671-683.

Khodjakov, A. and Rieder, C. L. (2-4-2001). J Cell Biol **153**, 237-242.

Koppel, J., Boutterin, M. C., Doye, V., Peyro-Saint-Paul, H., and Sobel, A. (1990). J.Biol.Chem. **265**, 3703-3707.

Koppel, J., Loyer, P., Maucuer, A., Rehák, P., Manceau, V., Guguen-Guillouzo, C., and Sobel, A. (1993). FEBS Lett. **331**, 65-70.

Koppel, J., Rehák, P., Baran, V., Veselá, J., Hlinka, D., Manceau, V., and Sobel, A. (1999). Molecular Reproduction and Development **53**, 306-317.

Krouglova, T., Amayed, P., Engelborghs, Y., and Carlier, M. F. (10-7-2003). FEBS Lett. **546**, 365-368.

Küntziger, T., Gavet, O., Sobel, A., and Bornens, M. (2001). J.Biol.Chem. **276**, 22979-22984.

Laferriere, N. B., MacRae, T. H., and Brown, D. L. (1997). Biochem Cell Biol **75**, 103-117.

Larcher, J. C., Boucher, D., Lazereg, S., Gros, F., and Denoulet, P. (1996). J Biol Chem **271**, 22117-22124.

Larsson, N., Marklund, U., Gradin, H. M., Brattsand, G., and Gullberg, M. (1997). Mol.Cell.Biol. **17**, 5530-5539.

Larsson, N., Melander, H., Marklund, U., Osterman, O., and Gullberg, M. (1995). J.Biol.Chem. **270**, 14175-14183.

Larsson, N., Segerman, B., Howell, B., Fridell, K., Cassimeris, L., and Gullberg, M. (20-9-1999a). J Cell Biol **146**, 1289-1302.

Larsson, N., Segerman, B., Melander Gradin, H., Wandzioch, E., Cassimeris, L., and Gullberg, M. (1999b). Mol.Cell.Biol. **19**, 2242-2250.

Lawler, S., Gavet, O., Rich, T., and Sobel, A. (1998). FEBS Lett. **421**, 55-60.

le Gouvello, S., Manceau, V., and Sobel, A. (1998). J.Immunol. **161**, 1113-1122.

Leighton, I., Curmi, P., Campbell, D. G., Cohen, P., and Sobel, A. (1993). Molec.Cellul.Biochem. **127/128**, 151-156.

Lewis, S. A. and Cowan, N. J. (1988). J Cell Biol **106**, 2023-2033.

Lewis, S. A., Tian, G., Vainberg, I. E., and Cowan, N. J. (1996). J Cell Biol **132**, 1-4.

Li, H., DeRosier, D. J., Nicholson, W. V., Nogales, E., and Downing, K. H. (2002). Structure.(Camb.) **10**, 1317-1328.

Li, L. and Cohen, S. (1996). Cell **85**, 319-329.

Liedtke, W., Leman, E. E., Fyffe, R. E., Raine, C. S., and Schubart, U. K. (2002). Am.J Pathol. **160**, 469-480.

Liu, Z., Chatterjee, T. K., and Fisher, R. A. (4-10-2002). J Biol Chem **277**, 37832-37839.

Lobert, S., Fahy, J., Hill, B. T., Duflos, A., Etievant, C., and Correia, J. J. (3-10-2000). Biochemistry **39**, 12053-12062.

Lu, Q. and Luduena, R. F. (21-1-1994). J Biol Chem **269**, 2041-2047.

Luduena, R. F. (1993). Mol Biol Cell **4**, 445-457.

Lutjens, R., Igarashi, M., Pellier, V., Blasey, H., Di Paolo, G., Ruchti, E., Pfulg, C., Staple, J. K., Catsicas, S., and Grenningloh, G. (2000). Eur .J.Neurosci **12**, 2224-2234.

Maddox, A. S. and Oegema, K. (2003). Nat.Cell Biol **5**, 773-776.

Mandelkow, E., Song, Y. H., and Mandelkow, E. M. (1995). Trends Cell Biol **5**, 262-266.

Mandelkow, E. M., Mandelkow, E., and Milligan, R. A. (1991). J Cell Biol **114**, 977-991.

Margolis, R. L. and Wilson, L. (1978). Cell **13**, 1-8.

Marklund, U., Brattsand, G., Osterman, O., Ohlsson, P. I., and Gullberg, M. (1993a). J.Biol.Chem. **268**, 25671-25680.

Marklund, U., Brattsand, G., Schingler, V., and Gullberg, M. (1993b). J.Biol.Chem. **268**, 15039-15047.

Marklund, U., Larsson, N., Brattsand, G., Osterman, O., Chatila, T. A., and Gullberg, M. (1994). Eur.J.Biochem. **225**, 53-60.

Marklund, U., Larsson, N., Melander Gradin, H., Brattsand, G., and Gullberg, M. (1996). EMBO J. **15**, 5290-5298.

Maucuer, A., Camonis, J. H., and Sobel, A. (1995). Proc.Natl.Acad.Sci.USA **92**, 3100-3104.

Maucuer, A., Doye, V., and Sobel, A. (1990). FEBS Lett. **264**, 275-278.

Maucuer, A., Moreau, J., Mechali, M., and Sobel, A. (1993). J.Biol.Chem. **268**, 16420-16429.

McNally, F. (5-8-2003). Curr Biol **13**, R597-R599.

McNally, F. J. (1996). Curr.Opin.Cell Biol **8**, 23-29.

Melander Gradin, H., Larsson, N., Marklund, U., and Gullberg, M. (1998). J.Cell Biol. **140**, 1-11.

Melander Gradin, H., Marklund, U., Larsson, N., Chatila, T. A., and Gullberg, M. (1997). Mol.Cell.Biol. **17**, 3459-3467.

Melki, R., Carlier, M. F., Pantaloni, D., and Timasheff, S. N. (14-11-1989). Biochemistry **28**, 9143-9152.

Melki, R., Rommelaere, H., Leguy, R., Vandekerckhove, J., and Ampe, C. (13-8-1996). Biochemistry **35**, 10422-10435.

Meunier, L., Usherwood, Y. K., Chung, K. T., and Hendershot, L. M. (2002). Mol Biol Cell **13**, 4456-4469.

Misek, D., Chang, C., Kuick, R., Hinderer, R., Giordano, T., Beer, D., and Hanash, S. (2002). Cancer Cell **2**, 217.

Mistry, S. J. and Atweh, G. F. (2001). J Biol Chem **276**, 31209-31215.

Mitchison, T. J. and Kirschner, M. (1984). Nature **312**, 237-242.

Mock, B. A., Krall, M. M., Padlan, C., Dosik, J. K., and Schubart, U. K. (1993). Mamm.Genome **4**, 461-462.

Moores, C. A., Hekmat-Nejad, M., Sakowicz, R., and Milligan, R. A. (8-12-2003). J Cell Biol **163**, 963-971.

Moores, C. A., Yu, M., Guo, J., Beraud, C., Sakowicz, R., and Milligan, R. A. (2002). Mol Cell **9**, 903-909.

Mori, N. (1993). Age.Ageing **22**, S5-18.

Mori, N. and Morii, H. (1-11-2002). J Neurosci Res. **70**, 264-273.

Moritz, M., Braunfeld, M. B., Guenebaut, V., Heuser, J., and Agard, D. A. (2000). Nat.Cell Biol **2**, 365-370.

Moritz, M., Braunfeld, M. B., Sedat, J. W., Alberts, B., and Agard, D. A. (7-12-1995). Nature **378**, 638-640.

Muller, D. R., Schindler, P., Towbin, H., Wirth, U., Voshol, H., Hoving, S., and Steinmetz, M. O. (1-5-2001). Anal.Chem **73**, 1927-1934.

Muller-Reichert, T., Chretien, D., Severin, F., and Hyman, A. A. (31-3-1998). Proc.Natl.Acad.Sci.U.S.A **95**, 3661-3666.

Murphy, M., Ahn, J., Walker, K. K., Hoffman, W. H., Evans, R. M., Levine, A. J., and George, D. L. (1999). Genes Dev. **13**, 2490-2501.

Nakao, C., Itoh, T. J., Hotani, H., and Mori, N. (22-3-2004). J Biol Chem .

Neidhart, S., Antonsson, B., Gillieron, C., Vilbois, F., Grenningloh, G., and Arkinstall, S. (16-11-2001). FEBS Lett. **508**, 259-264.

Niethammer, P., Bastiaens, P., and Karsenti, E. (19-3-2004). Science **303**, 1862-1866.

Nixon, A. B., Grenningloh, G., and Casey, P. J. (17-5-2002). J Biol Chem **277**, 18127-18133.

Nogales, E. (2000). Annu.Rev.Biochem **69**, 277-302.

Nogales, E., Medrano, F. J., Diakun, G. P., Mant, G. R., Towns-Andrews, E., and Bordas, J. (1-12-1995). J Mol Biol **254**, 416-430.

Nogales, E., Wolf, S. G., and Downing, K. H. (8-1-1998). Nature **391**, 199-203.

Okazaki, T., Wang, H., Masliah, E., Cao, M., Johnson, S. A., Sundsmo, M., Saitoh, T., and Mori, N. (1995). Neurobiol Aging **16**, 883-894.

Okazaki, T., Yoshida, B. N., Avraham, K. B., Wang, H., Wuenschell, C. W., Jenkis, N. A., Copeland, N. G., Anderson, D. J., and Mori, N. (1993). Genomics **18**, 360-373.

Orr, G. A., Verdier-Pinard, P., McDaid, H., and Horwitz, S. B. (20-10-2003). Oncogene **22**, 7280-7295.

Ozon, S., Byk, T., and Sobel, A. (1998). J.Neurochem **70**, 2386-2396.

Ozon, S., El Mestikawy, S., and Sobel, A. (1999). J.Neurosci.Res. **56**, 553-564.

Ozon, S., Guichet, A., Gavet, O., Roth, S., and Sobel, A. (2002). Molecular Biology of the Cell **13**, 698-710.

Ozon, S., Maucuer, A., and Sobel, A. (1997). Eur.J.Biochem. **248**, 794-806.

Panda, D., Goode, B. L., Feinstein, S. C., and Wilson, L. (5-9-1995). Biochemistry **34**, 11117-11127.

Panda, D., Jordan, M. A., Chu, K. C., and Wilson, L. (22-11-1996). J Biol Chem **271**, 29807-29812.

Panda, D., Miller, H. P., Banerjee, A., Luduena, R. F., and Wilson, L. (22-11-1994). Proc Natl Acad Sci U S A **91**, 11358-11362.

Panda, D., Miller, H. P., and Wilson, L. (26-10-1999). Proc Natl Acad Sci U S A **96**, 12459-12464.

Panda, D., Miller, H. P., and Wilson, L. (5-2-2002). Biochemistry **41**, 1609-1617.

Pasmantier, R., Danoff, A., Fleischer, N., and Schubart, U. K. (1986). Endocrinology **19**, 1229-1238.

Perez, F., Diamantopoulos, G. S., Stalder, R., and Kreis, T. E. (19-2-1999). Cell **96**, 517-527.

Peschanski, M., Doye, V., Hirsch, E., Marty, L., Dusart, I., Manceau, V., and Sobel, A. (1993). J.Comp.Neurol. **337**, 655-668.

Peter, J. C., Briand, J. P., and Hoebeke, J. (1-3-2003). J Immunol.Methods **274**, 149-158.

Peyron, J-F., Aussel, C., Ferrua, B., Häring, H., and Fehlmann, M. (1989). Biochem.J. **258**, 505-510.

Putkey, F. R., Cramer, T., Morphew, M. K., Silk, A. D., Johnson, R. S., McIntosh, J. R., and Cleveland, D. W. (2002). Dev.Cell **3**, 351-365.

Quarmby, L. (2000). J Cell Sci **113 (Pt 16)**, 2821-2827.

Rao, S., Horwitz, S. B., and Ringel, I. (20-5-1992). J Natl Cancer Inst. **84**, 785-788.

Ravelli, R. B. G., Gigant, B., Curmi, P. A., Jourdain, I, Lachkar, S., Sobel, A., and Knossow, M. (2004). Nature **428**, 198-202.

Rechsteiner, M. and Rogers, S. W. (1996). Trends Biochem Sci **21**, 267-271.

Redeker, V., Lachkar, S., Siavoshian, S., Charbaut, E., Rossier, J., Sobel, A., and Curmi, P. (2000). J Biol Chem. **275**, 6841-6849.

Rieder, C. L. and Alexander, S. P. (1990). J Cell Biol **110**, 81-95.

Rieder, C. L. and Salmon, E. D. (1994). J Cell Biol **124**, 223-233.

Rogers, G. C., Rogers, S. L., Schwimmer, T. A., Ems-McClung, S. C., Walczak, C. E., Vale, R. D., Scholey, J. M., and Sharp, D. J. (22-1-2004). Nature **427**, 364-370.

Rosenbaum, J. (2-11-2000). Curr Biol **10**, R801-R803.

Rowlands, D. C., Williams, A., Jones, N. A., Guest, S. S., Reynolds, G. M., Barber, P. C., and Brown, G. (1995). Lab.Invest. **72**, 100-113.

Rusan, N. M., Fagerstrom, C. J., Yvon, A. M., and Wadsworth, P. (2001). Mol Biol Cell **12**, 971-980.

Sackett, D. L. (30-5-1995). Biochemistry **34**, 7010-7019.

Schubart, U. K. (1982). J.Biol.Chem. **257**, 12231-12238.

Schubart, U. K., Alago, W., Jr., and Danoff, A. (1987). J.Biol.Chem. **262**, 11871-11877.

Schubart, U. K., Das Banerjee, M., and Eng, J. (1989). DNA **8**, 389-398.

Schubart, U. K., Xu, J., Fan, W., Cheng, G., Goldstein, H., Alpini, G., Shafritz, D. A., Amat, J. A., Farook, M., Norton, W. T., Owen, T. A., Lian, J. B., and Stein, G. S. (1992). Differentiation **51**, 21-32.

Schubart, U. K., Yu, J. H., Amat, J. A., Wang, Z. Q., Hoffmann, M. K., and Edelmann, W. (1996). J.Biol.Chem. **271**, 14062-14066.

Segerman, B., Holmfeldt, P., Morabito, J., Cassimeris, L., and Gullberg, M. (1-1-2003). J Cell Sci **116**, 197-205.

Segerman, B., Larsson, N., Holmfeldt, P., and Gullberg, M. (17-11-2000). J Biol Chem **275**, 35759-35766.

Serrano, L., de la, Torre J., Maccioni, R. B., and Avila, J. (1984). Proc Natl Acad Sci U S A **81**, 5989-5993.

Shelanski, M. L., Gaskin, F., and Cantor, C. R. (1973). Proc.Natl.Acad.Sci.USA **70**, 765-768.

Skoufias, D. A. and Wilson, L. (28-1-1992). Biochemistry **31**, 738-746.

Sobel, A. (1991). Trends in Biochemical Sciences **16**, 301-305.

Sobel, A., Boutterin, M. C., Beretta, L., Chneiweiss, H., Doye, V., and Peyro-Saint-Paul, H. (1989). J.Biol.Chem. **264**, 3765-3772.

Sobel, A. and Tashjian, A. H. (1983). J.Biol.Chem. **258**, 10312-10324.

Stein, R., Mori, N., Matthews, K., Lo, L. C., and Anderson, D. J. (1988). Neuron **1**, 463-476.

Steinmetz, M. O., Jahnke, W., Towbin, H., Garcia-Echeverria, C., Voshol, H., Muller, D., and van Oostrum, J. (2001). EMBO Rep. **2**, 505-510.

Steinmetz, M. O., Kammerer, R. A., Jahnke, W., Goldie, K. N., Lustig, A., and van Oostrum, J. (2000). EMBO J **19**, 572-580.

Stewart, R. J., Farrell, K. W., and Wilson, L. (10-7-1990). Biochemistry **29**, 6489-6498.

Sugiura, Y. and Mori, N. (1995). Developmental Brain Research **90**, 73-91.

Tian, G., Lewis, S. A., Feierbach, B., Stearns, T., Rommelaere, H., Ampe, C., and Cowan, N. J. (25-8-1997). J Cell Biol **138**, 821-832.

Tompa, P. (2002). Trends Biochem Sci **27**, 527.

Tsao, K. L., DeBarbieri, B., Michel, H., and Waugh, D. S. (1996). Gene **169**, 59-64.

Tulu, U. S., Rusan, N. M., and Wadsworth, P. (28-10-2003). Curr Biol **13**, 1894-1899.

Vale, R. D. (1996). J Cell Biol **135**, 291-302.

Vale, R. D., Coppin, C. M., Malik, F., Kull, F. J., and Milligan, R. A. (23-9-1994). J Biol Chem **269**, 23769-23775.

Vega, L. R., Fleming, J., and Solomon, F. (1998). Mol Biol Cell **9**, 2349-2360.

Wade, R. H. and Hyman, A. A. (1997). Curr Opin Cell Biol **9**, 12-17.

Walker, R. A., O'Brien, E. T., Pryer, N. K., Soboeiro, M. F., Voter, W. A., Erickson, H. P., and Salmon, E. D. (1988). J Cell Biol **107**, 1437-1448.

Wallon, G., Rappsilber, J., Mann, M., and Serrano, L. (17-1-2000). EMBO J 2000.Jan.17;19(2.):213.-222. **19**, 213-222.

Watrin, E. and Legagneux, V. (2003). Biol Cell **95**, 507-513.

Weingarten, M. D., Lockwood, A. H., Hwo, S. Y., and Kirschner, M. W. (1975). Proc.Natl.Acad.Sci.USA **72**, 1858-1862.

Westermann, S. and Weber, K. (2003). Nat.Rev.Mol Cell Biol **4**, 938-947.

Wittmann, T., Bokoch, G. M., and Waterman-Storer, C. M. (13-2-2004). J Biol Chem **279**, 6196-6203.

Wittmann, T., Hyman, A., and Desai, A. (2001). Nat.Cell Biol **3**, E28-E34.

Wojcik, E., Basto, R., Serr, M., Scaerou, F., Karess, R., and Hays, T. (2001). Nat.Cell Biol **3**, 1001-1007.

Zhai, Y., Kronebusch, P. J., Simon, P. M., and Borisy, G. G. (1996). J Cell Biol **135**, 201-214.

Zheng, Y., Wong, M. L., Alberts, B., and Mitchison, T. (7-12-1995). Nature **378**, 578-583.

Zhu, X. X., Kozarsky, K., Strahler, J. R., Eckerson, C., Lottspeich, F., Melhem, R. F., Lowe, J., Fox, D. A., Hanash, S. M., and Atweh, G. F. (1989). J.Biol.Chem. **264**, 14556-14560.

www.ingramcontent.com/pod-product-compliance
Lightning Source LLC
Chambersburg PA
CBHW021053210326
41598CB00016B/1200

* 9 7 8 3 8 3 8 1 7 5 9 1 1 *